天然無毒又省錢

# 小蘇打の100個使用妙招

# 目錄

## 浴室・廁所・洗衣

## 玄關與其他

## column　小蘇打粉的特殊用法

# 本書使用方法

＊水槽＊

從準備到烹調完畢後的整理都需要使用水槽，因此水槽中也堆積了各式各樣的汙垢，只要養成隨時隨地清理的習慣，就算是油垢或水垢也會輕易地消失。

工具

小蘇打粉　檸檬酸　海綿　牙刷　舊布

1 簡單刷洗或以舊布簡單擦拭水槽。
2 水槽中撒入小蘇打粉，將濡濕的海綿沾取小蘇打粉。
3 由水槽上方由上望下朝排水孔的方向刷洗汙垢。
4 徹底沖洗小蘇打粉，再拭去水分。

如果汙垢難以清除，則以海綿刷洗後放置十分鐘再度刷洗。若仍無法清除汙垢，繼續重複此一步驟與增加放置時間。

細部處容易堆積汙垢，利用牙刷等工具仔細清洗。

Q 如何清除水槽內的白色水垢？

A 小蘇打粉也無法清除的水垢可以利用檸檬酸溶液清洗！於附著水垢處鋪上舊布或廚房衛生紙，噴灑檸檬酸溶液（200毫升的水添加半小匙或一匙的檸檬酸）之後放置一會兒就可以發現汙垢逐漸脫落。為了避免檸檬酸殘留，刷洗水垢之後記得要仔細沖洗。

21

魚類等食材烹調時冒出的水蒸氣與油煙，會讓油汙和異味附著於密閉的烤箱中，若希望準備出美味可口的餐點，建議每次使用後隨時利用小蘇打粉清潔底盤與烤網。

1 先以布拭去底盤與烤網上附著的油汙。
2 以濡濕的刷子或鐵刷沾取小蘇打粉後刷洗底盤與烤網。
3 完成步驟 2之後，以水沖淨。

刷子或鐵刷沾水濡濕之後沾取小蘇打粉，刷洗烤網。

如何除去異味？

使用前就在底盤鋪滿小蘇打粉，可以同時吸附噁心的異味與汙垢；或是只要在使用後的底盤撒上小蘇打粉，就能馬上清除油汙。

＊瓦斯爐四周的牆壁＊

烹調中使用的食用油與調味料經常會沾黏在瓦斯爐四周的牆壁上，久了之後不但難以清除，更是孳生黴菌的溫床。

工具

小蘇打粉溶液　精油酒精（80%）　舊布　功能型抹布

1 於抹布上噴灑小蘇打粉溶液（500毫升的水添加兩大匙小蘇打粉）之後，拭去汙垢。
2 倘若汙垢難以清除，以小蘇打粉溶液浸濕廚房衛生紙或是舊布，張貼於牆壁一段時間，再以功能型抹布擦拭。
3 倘若希望更乾淨，以小蘇打粉溶液擦拭之後再以清水擦拭，最後以功能型抹布乾擦，如此一來，磁磚便能重現光亮。

以小蘇打粉溶液浸濕的廚房衛生紙覆蓋於汙垢部分，就能輕易地去除。

如何清除牆面油汙？

以精油酒精代替小蘇打粉溶液噴灑於牆面之後，以抹布擦拭，酒精揮發快，無須再度乾擦，除了縮短清潔時間，還能散發清香。

24

**掃除地點**

說明適合使用「小蘇打粉＋天然素材」打掃之處，如「廚房」・「客廳」・「浴室・廁所」・「玄關與其他」等等。

**掃除工具**

除了小蘇打粉和檸檬酸等天然素材之外，特別介紹能讓打掃更加輕鬆的便利工具。

**掃除Q＆A**

以問答的方式說明為何費力打掃仍無法清除汙垢，及回答關於掃除的各種疑問。

**掃除的方式和圖片**

介紹適合不同地點的打掃方式，並且附上照片說明，於圖片左上方的編號表示打掃時的順序。

**掃除祕訣**

說明為何一般的打掃方式無法清除的頑強汙垢，及應當如何解決並提供有效率的打掃方式。

※本書介紹的打掃方式、清潔劑的調配分量和打掃的工具不一定適用於所有材質，因此清理不可水洗、細緻的材質時，請先參考商品說明書的規範或先行於不明顯處測試。

# 因為天然，所以安心！

# 「小蘇打粉＋天然素材」自然清潔法

打掃不必太認真！
小蘇打粉＋各式天然素材，就能輕輕鬆鬆清潔居家環境！

相信許多人平常只是以吸塵器吸吸地板，直到年底才會進行大掃除吧！

但是讓我們花費許多力氣清理的汙垢往往都是因為放置太久，才會變得難以清理。

打掃應該是輕鬆快樂的！也許你會懷疑怎麼可能輕易地變得窗明几淨，其實只要利用小蘇打粉就能輕鬆達成喔！

一般人突然聽到利用小蘇打粉搭配檸檬酸就能清潔環境之類的建議時，可能也不知道該如何使用，因此我想藉由本書向大家介紹小蘇打粉、酒精、檸檬酸、純鹼、精油等天然素材的特性與基本使用方式。

小蘇打粉和酒精分別適合清除不同的汙垢，清除的方式也不同，但是熟記各項素材的使用方式絕非難事，就讓我們一起學習如何輕鬆地打掃吧！

# 小蘇打粉＋天然素材，打掃變得輕鬆又愉快！

你是否曾經耗盡力氣也無法清除頑強的汙垢？
只要使用小蘇打粉，就可以和辛苦的打掃方式說拜拜，
如果小蘇打粉仍不夠強效，再搭配檸檬酸、純鹼和精油，就可以更省力。

**天然所以溫和**

小蘇打粉是烘培點心時的材料之一；檸檬酸是調味醋的成分之一，而酒精是酒類飲料的成分之一。但這些材料不僅能夠清潔環境，也不會對人體造成危害，所以可安心使用，尤其是家中有幼童時，不免擔心化學合成的強效清潔劑所帶來的影響，若改用天然素材，打掃時就可以免除憂慮囉！

※純鹼為強鹼，請勿直接以手碰觸。

**對症下藥所以輕鬆！**

使勁刷洗也無法清除的油膩髒汙，以酒精輕輕一噴，就能融解油汙，然後只要在溶化的油汙上撒上小蘇打粉，油汙轉眼間就被吸收了！如果想要有效率地打掃，就必須了解各式汙垢的特性以便對症下藥，讓天然素材發揮最大功效。

# 小蘇打粉＋天然素材提升洗淨效果

小蘇打粉雖然能清除許多汙垢，
也仍有效果不彰的時候，
但只要搭配其他天然素材，
就可以提升小蘇打粉的清潔效果喔！

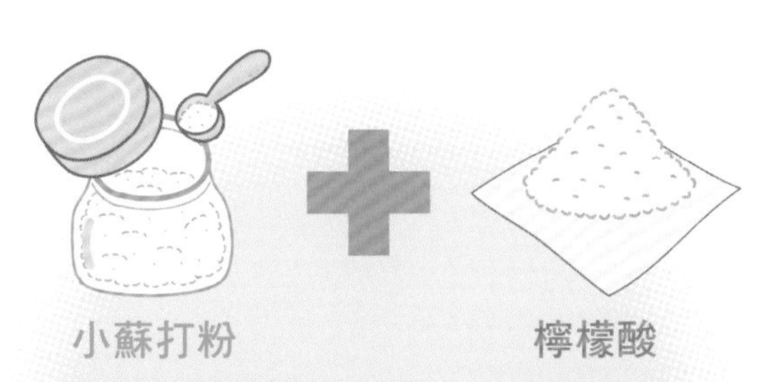


小蘇打粉添加檸檬酸後會因為化學反應而產生二氧化碳的泡沫，能夠輕輕鬆鬆讓汙垢剝落。此外，使用小蘇打粉吸附汙垢之後使用檸檬酸，還能同時中和殘餘的小蘇打粉，以達到徹底清潔的效果。

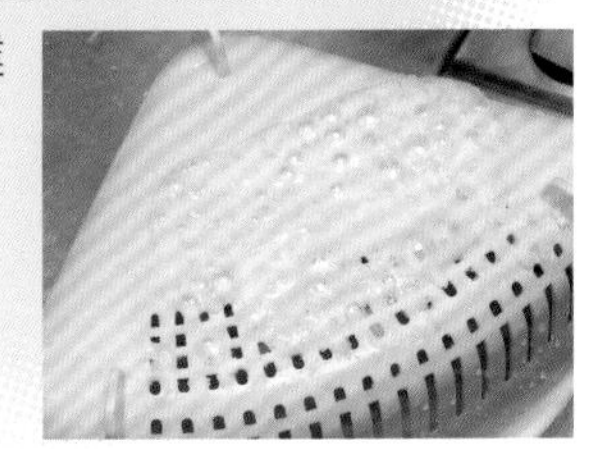

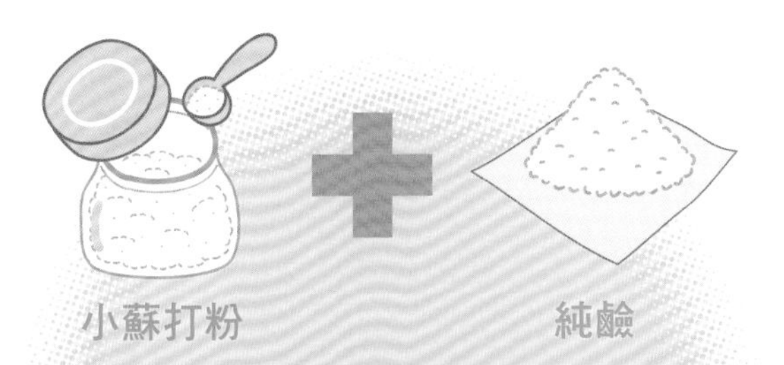


純鹼屬於強鹼，因此對於附著於瓦斯爐的油汙和衣服上的皮脂等酸性汙垢格外有效。此外，將小蘇打粉與純鹼以 1 ： 1 的比例混合，即可調配出效果更強的「倍半碳酸鈉」。當遇上小蘇打粉無法解決的汙垢，不妨試試以倍半碳酸鈉來清理。

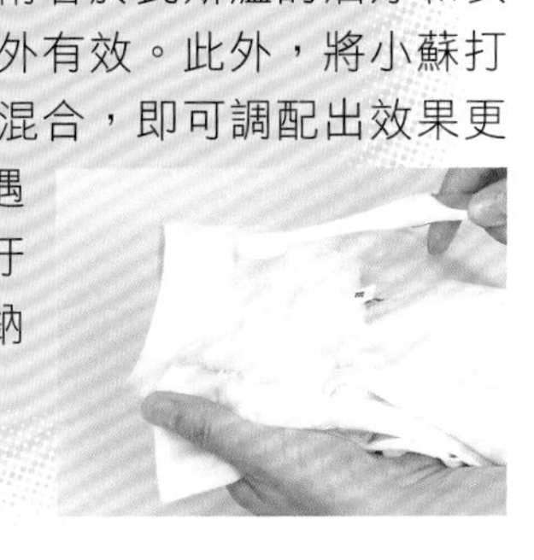

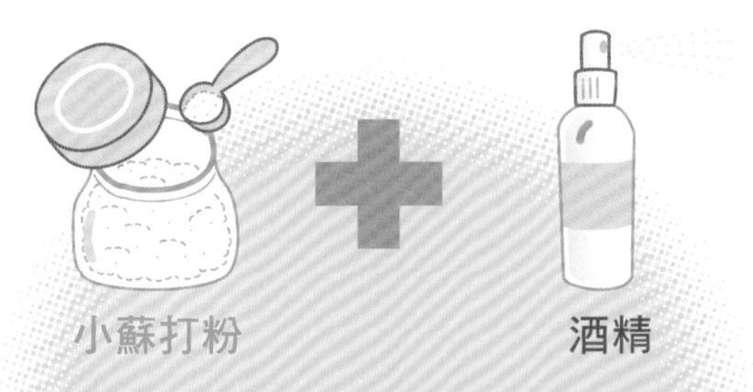


開瓶後酒類倘若沒有馬上蓋上蓋子，很快就會變少了，這是因為酒類飲品中的酒精成分容易汽化所導致的。我們可以利用酒精容易汽化的特性，清潔無法水洗的物品。此外，酒精還能融解頑強的汙垢，因此噴灑酒精後再使用小蘇打粉進行清潔，能夠達到事半功倍的效果。

精油小蘇打粉

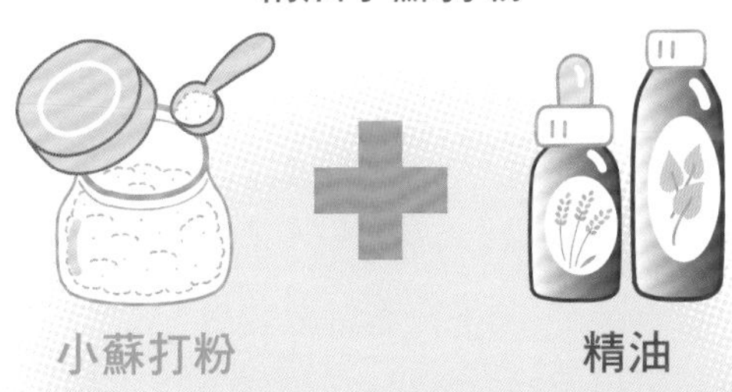


精油萃取自植物成分，不僅可以溶化於油性物質中，還能減少細菌的繁殖，並帶來清香，而這股芳香對人體也有正面的影響。生活環境中如客廳、浴廁、臥房，使用小蘇打粉與精油混合而成的精油小蘇打粉打掃，可以同時達到清潔環境與香氛紓緩的雙重效果。

# 小蘇打粉

**小蘇打粉是萬能清潔劑，可吸收異味、清除汙垢、研磨清潔，卻不會傷害環境與人體健康。因此，能用於清理家中各處的小蘇打粉又被稱為「魔術粉」。**

## 效能

近年來，小蘇打粉因為非常適合用於清潔而受到重視，其效能可分為五項──「研磨」、「中和」、「吸附」、「除臭」、「起泡」。利用這些特點，就能清除家中各種汙垢。

「研磨」是指小蘇打粉細微的分子具有不傷害物品的研磨效果；「中和」是指中和酸性汙垢（例如：油汙），讓汙垢輕鬆剝落；「吸附」是指吸附髒汙的能力；「除臭」是指吸收異味的能力；「起泡」是指與酸性物品結合產生二氧化碳的泡沫，藉以吸附汙垢，本書最常利用「研磨」、「吸附」與「除臭」三項功效，請務必熟記。

## 特性

小蘇打粉即為俗稱的「發粉」，因為烘培西點時用於膨脹麵團和烹飪時用於軟化豆類而廣為人知。

在沒有清潔劑的時代，小蘇打粉因為具備除垢與研磨的效果而受到重用，由於不會刺激皮膚，近年來再度以不傷害環境為由而受到重視。

一般的**油汙多為酸性**，因此**利用鹼性的小蘇打粉**清理此類汙垢，清潔工作就會變得格外輕鬆。

此外，**小蘇打粉的分子小卻又具備研磨的效果**，就算是難以去除的汙垢，只要使用小蘇打粉既能清除乾淨又不會傷害器物的表面。

小蘇打粉搭配酸性的檸檬酸會產生二氧化碳的泡沫，也能吸附汙垢。

小蘇打粉除了清除汙垢之外，還能吸附異味，是一種適用於各種髒汙情況的萬能清潔劑。

小蘇打粉搭配酸性的檸檬酸可吸附汙垢。

研磨效果

因為小蘇打粉的分子細小，不會造成傷害，卻有類似磨砂效果，同時還能清除污垢，讓打掃過的地方煥然一新。

吸附效果

小蘇打粉具有吸附周遭汙垢的效果，可以利用此效能清潔汙垢。

除臭效果

小蘇打粉不僅能吸附汙垢，還能逐漸吸收異味。

## 使用方式

小蘇打粉根據純度和品質，可分為三種──「食用」、「藥用」、「工業用」。「食用」小蘇打粉可用於烘培和烹調；掃除時使用便宜的「工業用」小蘇打粉即可。**工業用的小蘇打粉在藥房與超市就能買到**，最大的優點是便宜，而且取得便利。

基本的使用方式是直接撒在汙垢上或以海綿或抹布沾取使用，**小蘇打粉接觸空氣容易吸收水分而硬化**，建議應保存於密閉容器，以湯匙少量取出使用。

此外，小蘇打粉添加少量水分，調合成糊狀，即可清除頑強汙垢；加水調成小蘇打粉溶液噴灑於汙垢上，能輕輕鬆鬆地清除大範圍髒汙。

可以果醬瓶存放小蘇打粉，需要時隨時取出打掃，就能常保家中窗明几淨。

【研磨】

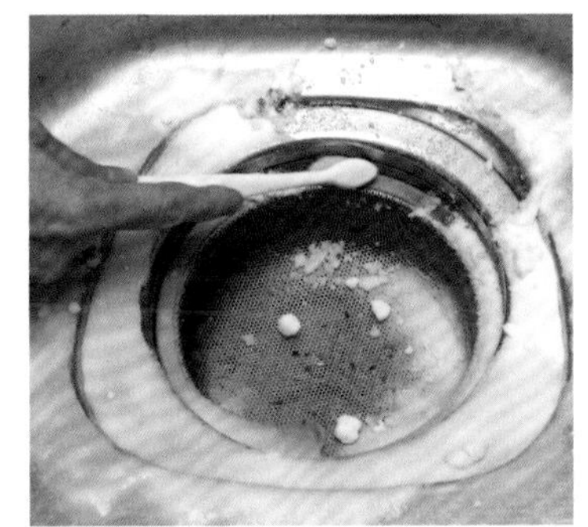

直接使用粉末狀的小蘇打粉是最簡單輕鬆的方法，小蘇打粉的基本使用方式為直接撒在汙垢上或是以粉末刷除汙垢。建議使用糖罐之類大瓶口的容器保存小蘇打粉最為方便。

【鋪撒】

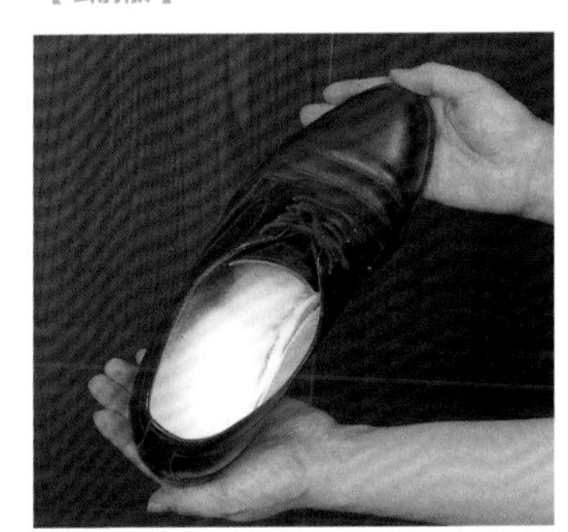

直接將小蘇打粉鋪撒於汙垢處，可以同時吸附汙垢和臭味。烤箱、砧板、鞋櫃、鞋子、垃圾桶和菸灰缸……容易附著異味之處，使用小蘇打粉就能一併清潔汙垢和吸附異味。

【噴灑】

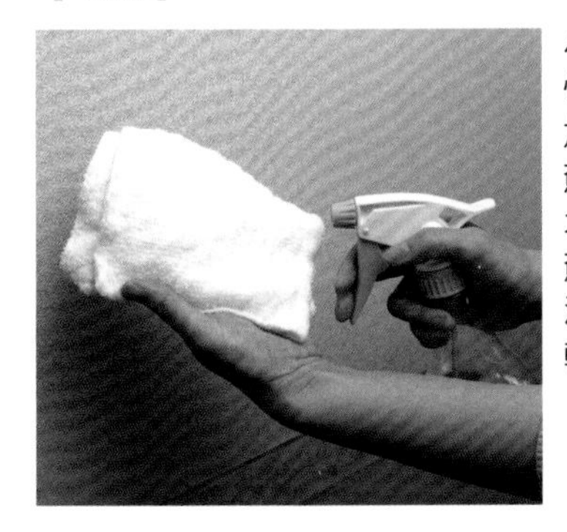

小蘇打粉溶於水就成為鹼性的小蘇打粉溶液，方便於打掃大範圍的區域，小蘇打粉溶液的濃度約為以水500毫升加上兩大匙小蘇打粉，再將小蘇打粉溶液裝入噴霧器中，只要輕輕一噴就能打掃了。

### 不可使用小蘇打粉清潔的材質

**鋁製品、榻榻米、原木製品、纖細的材質和衣物……**

※小蘇打粉會導致鋁鍋泛黑。
※小蘇打粉會導致榻榻米泛黃或變色。
※原木和桐木等木製品必須乾擦。
※不能水洗的纖細材質或衣物，如使用小蘇打粉清潔，可能會損傷材質。

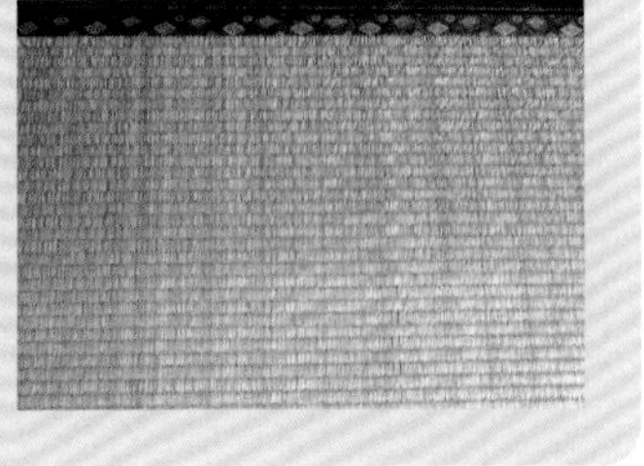

# 純鹼

清潔效果強大的純鹼能輕輕鬆鬆地去除黏膩的油垢、手垢、汗漬、皮脂和排水孔噁心的臭味，是掃除時的好幫手；但洗淨力強，不可直接碰觸。

## 特　性

純鹼可以清除連小蘇打粉都難以對付的頑強汙垢，它其實是小蘇打粉的成分之一，只要將小蘇打粉溶液中的水分與二氧化碳煮沸蒸發後就能得到純鹼。

雖然純鹼聽起來似乎很陌生，其實一般藥房就有販賣，由於洗淨力強，原先是當作粉末型肥皂使用。

純鹼可以強化洗衣用肥皂的效果。

純鹼適合清理汗水或是皮脂所造成的汙垢，由於鹼性強於小蘇打粉（小蘇打粉pH8.2・純鹼pH11.2），可以輕鬆清除小蘇打粉無法解決的頑強汙垢。

純鹼搭配肥皂能夠提升肥皂的洗淨力，所以清洗衣物時也能發揮更佳效果。另外，純鹼和小蘇打粉都能融化廚房的油垢和吸附異味，是較強效的清潔劑。

強鹼所帶來的強力清潔效果是純鹼的特性，但**強鹼卻會傷害肌膚**，所以不可以直接碰觸。

## 使用方式

基本用法分為兩種：直接鋪撒於汙垢處後以海綿刷洗；加水溶化後浸泡清洗。

此外，為了便於日常使用，多會添加相同分量的小蘇打粉以降低純鹼的酸鹼度，小蘇打粉與純鹼的混合物就是俗稱的「倍半碳酸鈉」。

**一般藥房即可購得純鹼**，由於純鹼容易受潮，**保存時需置放於密閉容器中，且避免日光直射。**

| | |
|---|---|
| 鋪撒 | 直接鋪撒於汙垢處，融化汙垢。 |
| 浸泡 | 兩公升的水添加一大匙的純鹼調配成純鹼溶液，將舊布或廚房衛生紙浸泡於純鹼溶液之後，再鋪放於汙垢處，放置一會兒即可將汙垢溶解。 |

倘若汙垢無法輕易去除，噴灑純鹼溶液即可去污。

### 無法使用純鹼清潔的材質

**大理石**

※直接碰觸強鹼會傷害肌膚，使用時務必戴手套或使用工具。

※建議肌膚敏感者就算是使用純鹼和小蘇打粉混合而成的倍半碳酸鈉，也要戴手套。

# 檸檬酸

**檸檬酸是大家熟悉的調味料「醋」的成分之一，可以融化頑強的汙垢。由於檸檬酸對於水垢和阿摩尼亞所引起的廁所異味格外有效，小蘇打粉無法對付的汙垢交給它就行了！**

## 特　性

檸檬酸是檸檬、酸梅等酸性物質的成分之一。

檸檬酸正如其名是酸性，**對於水垢、黃漬與氯之類的鹼性汙垢會產生化學反應，透過中和效用使得汙垢脫落**，因為是食品的成分，就算誤食也不會對人體造成任何影響。

此外，檸檬酸搭配小蘇打粉所產生的化學反應能使汙垢剝落，所以清理紗窗之類難以打掃的區域可以善加利用這項中和作用。

檸檬酸還能抑制細菌孳生，避免食物腐壞，甚至**可以消除廚餘、寵物的尿騷味和香菸的鹼性異味**，適用於廚房和廁所等日常生活使用頻繁的區域。

清潔用的檸檬酸比醋的酸性更強，而且不易揮發，加上不會殘留異味，因此不易發現是否徹底清除。打掃時若不仔細擦拭乾淨，可能會損壞家具。

如果不在意醋的異味，也可利用沒有添加物的烹飪用醋來打掃小區域。

## 使用方式

加水稀釋後將餐具或是烹飪工具浸泡其中，或是噴灑於汙垢處，使用一般的調味醋時可以直接噴灑於汙垢上或加水稀釋兩三倍之後使用。

**檸檬酸不能受潮也不耐高溫**，因此保存時務必要小心。

檸檬酸容易氧化，因此使用檸檬酸打掃之後務必徹底沖洗或仔細擦拭乾淨，有些材質不能使用檸檬酸清理，使用前要多加留意。檸檬酸和含氯的清潔劑一起使用會產生有毒氣體，嚴重時可能導致死亡，因此絕對不能混合使用。

| | |
|---|---|
| 刷洗 | 水垢可以直接以檸檬酸刷洗清除。 |
| 檸檬酸溶液 | 將200毫升的水添加一小匙的檸檬酸調配成檸檬酸溶液，裝入噴霧器以便使用。 |
| 粉狀清潔劑 | 洗碗機或熱水瓶等必須用水的機械，可直接鋪撒粉末清理。 |

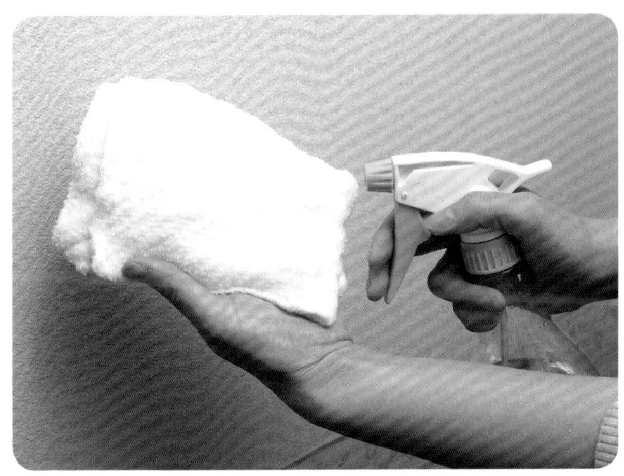

建議將檸檬酸調配成檸檬酸溶液後裝入噴霧器，使用起來格外方便。

### 無法使用檸檬酸清潔的材質

**大理石、原木、鐵器**

※檸檬酸會損害上述的材質，請勿使用。
※殘留的檸檬酸有時可能會損壞材質，清潔之後務必沖洗或擦拭乾淨。

# 酒精

**酒精可以融化於油與水，加上容易揮發，清除汙垢後也毋須再度擦拭，打掃之後輕輕一噴，還可以預防日後汙垢附著與防止黴菌孳生，平日備妥就能成為打掃的好幫手。**

## 特 性

酒精是酒類成分之一，不僅容易取得，也能用於醫療消毒。不過，打掃時使用的酒精指的是「乙醇」，由於**乙醇可以融於水與油，輕輕一噴就能讓汙垢剝落**。

此外，酒精容易揮發，噴灑之後無需另外擦拭，最適合打掃無法水洗的家電用品。

酒精同時**具備強力的殺菌與消毒效果**，可以抑制冰箱、砧板、餐具、餐桌等處的細菌孳生，打掃時無須擔心衛生方面的問題。

只要輕輕一噴，汙垢馬上脫落。

以酒精打掃時，建議裝入噴霧器中使用，只要輕輕一噴，馬上就能清除汙垢。

最近還出現可以倒著噴的噴霧器，選購時不妨依照個人需求挑選。但酒精會腐蝕塑膠製品，務必挑選註明可以盛裝酒精的噴霧器。

使用精油酒精時（請見P.13），請存放於遮光容器中，才能避免精油變質。

## 使用方式

**一般藥房即可購買酒精**，依照用途選擇不同濃度的酒精，例如：輕微的汙垢使用濃度35%的酒精即可清除。

「消毒用乙醇（濃度80%）」適用於頑強的油汙和消毒；如果只是清理一般日常生活所產生的汙垢，自行以蒸餾水稀釋純酒精調整濃度較為方便。

油性漆或蠟筆等頑強的汙垢可使用純酒精（濃度約100%）來清理。若以手直接碰觸純酒精會帶走皮膚上的所有皮脂，使肌膚變得泛白粗糙，所以建議使用時請戴上手套，或噴灑於抹布上使用。

建議裝入不受腐蝕的噴霧器，直接噴灑於汙垢上。如果使用地點附近有火源，**務必關閉所有火源，並注意通風**。此外，酒精容易揮發，所以不可在密閉空間使用，就算空間內沒有火源，也必須**注意保持良好通風**。

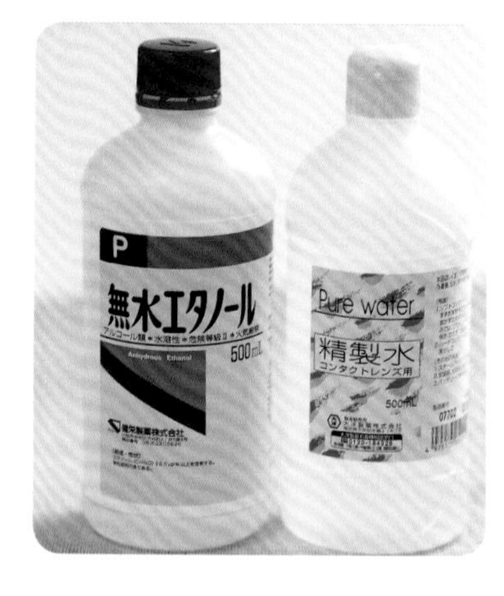


購買純酒精搭配蒸餾水，自行調整濃度，將酒精與蒸餾水35：65混合，即可清除一般汙垢。

| 噴灑 | 倘若是無需擔心腐蝕的材質，可以將酒精直接噴灑於汙垢處。 |
| --- | --- |
| 噴灑於抹布上 | 不得直接噴灑酒精於細緻的木製家具上，建議將酒精噴灑於抹布上後再進行擦拭，使用前最好先於不顯眼處實驗看看。 |

# 精油

**精油是提煉樹木、花朵、香草或水果的香味成分後所得到的高濃度油類，搭配小蘇打粉或酒精使用，在清潔的同時還能增添芳香。只要活用精油就能讓掃除工作更加愉快！**

## 特性

精油是指從植物萃取出的揮發性油類，主要運用於芳香療法，**精油的香氣不僅可以舒緩、振奮與安定精神，還能抗菌、殺菌、消毒和除蟲**。由於精油是萃取自植物，因此是百分百的純天然物質。

**精油可以在專賣店或網站購買**，精油的香氣與價格隨種類而有所不同，使用時可以選擇符合喜好的香味。

## 使用方式

精油混合小蘇打粉不但可以吸取異味，還具備芳香劑的功效，是充滿香氣的清潔劑。

精油還能融化於酒精，搭配酒精噴灑可以大範圍地殺菌與除蟲。

精油種類眾多，功效根據香氣而有所不同，例如：尤加利精油和薄荷精油具備抗菌與殺菌的功效；柑橘類精油適合打掃廚房；薰衣草精油和檸檬草精油可以驅蟲；花梨木精油可以舒緩精神；葡萄柚精油可以振奮精神。建議考量個人與家庭成員的喜好，挑選適合的精油。

選購時可向店家確認精油功效，或依照當天的心情與使用的地點（例如：廚房或寢室）挑選適合的精油。

精油開封之後必須存放於陰涼處，儘快使用完畢；為了防止氧化，每次蓋上蓋子時務必扭緊。

**精油與小蘇打粉或酒精混合而成的「精油小蘇打粉」和「精油酒精」**，不僅有清潔功效，還能創造芬芳舒適的環境。

選擇喜好的精油，搭配小蘇打粉或酒精使用，推薦從氣味清爽、適用度廣泛的柑橘類精油開始嘗試。

### 精油小蘇打粉

**小蘇打粉300公克＋精油10至15滴**

打掃浴室或廁所等處，可以搭配20至30滴精油，嘗試各種調配比率，調配出自己喜歡的香氣濃度。

### 精油酒精

**酒精200毫升＋精油15至20滴（打掃浴室等地點時，可增加為20至30滴）**

※此處的酒精是以乙醇添加蒸餾水稀釋為濃度 30%、50%或80%，濃度依用途而定。

# 了解汙垢種類，就能輕鬆打掃！

油汙、水垢、黴菌、黏滑的汙垢……居家環境往往充斥了各式汙垢。
與其一味地使用小蘇打粉去汙，不如搭配適合的天然素材，好讓打掃更加省力！

## 汙垢種類

汙垢大致分為鹼性、酸性和其他。鹼性汙垢是指水槽的水滴和附著的水垢，可以使用酸性的「檸檬酸」清除；酸性汙垢包含了廚房的牆壁油汙、瓦斯爐的油汙和水槽的油汙，可以使用鹼性的「小蘇打粉」清除；其他汙垢是指附著於排水孔或磁磚上的黴菌，可以使用小蘇打粉搭配其他天然素材清除。但是家中的汙垢多半以複合性的汙垢居多，難以單純區分為酸性或鹼性，必須仔細分析才能輕鬆完成打掃工作。

### 酸性汙垢

- 廚房牆壁的油汙
- 瓦斯爐的油汙
- 烤箱的油汙
- 水槽的汙垢
- 抽風機的汙垢
- 冰箱把手上的汙垢
- 牆壁上的手垢
- 餐具上的油垢
- 衣物上的皮脂

使用鹼性的「小蘇打粉」清潔

### 鹼性汙垢

- 水槽的水垢
- 浴缸中的水垢
- 排水孔．水龍頭上白色水垢
- 洗手台上的水垢．皂垢
- 熱水瓶中的白色水垢
- 馬桶內的尿漬
- 菸垢

使用酸性的「檸檬酸」清潔

### 其他汙垢

- 排水孔的黴菌
- 磁磚上的黴菌
- 廚餘異味
- 鞋櫃異味
- 地板灰塵
- 家具灰塵

使用「小蘇打粉＋天然素材」清潔

## 油汙

相信很多人一定曾經有過耗費力氣，努力清除附著於瓦斯爐四周黏膩油垢的經驗；如果放置不管，油汙沾附灰塵就會形成黏膩的汙垢，並且越積越多。

空氣會導致油類氧化，油汙屬於酸性汙垢，適合以鹼性的小蘇打粉清除。

剛形成的油汙，只要輕輕一擦就能清除，平常多注意、多擦拭，就不會形成頑強的汙垢。

牆壁或門把上的手垢也是皮脂所形成的油汙之一，以抹布擦拭骯髒的牆壁，只是讓汙垢更加擴散，對付此類汙垢的祕訣是噴灑酒精，再以乾淨的抹布擦拭。

### 油汙在哪裡出現？

瓦斯爐、瓦斯爐四周、烤箱、水槽、抽風機、微波爐、鍋子、餐具、冰箱、廚房的垃圾桶、牆壁、門扇、衣物、手錶、眼鏡、烹飪工具……

### 清除油汙

**小蘇打粉＋酒精**

1. 噴灑酒精，融化汙垢。
2. 撒上小蘇打粉，吸附汙垢。
3. 頑強的汙垢可以刮刀、免洗筷或刷子清除。

## 水垢

不知不覺之間讓亮晶晶的水槽和水龍頭蒙上一層白霧的元凶，就是容易出現於水槽、水龍頭、馬桶、玻璃杯、熱水瓶等處的水垢。

水雖然會帶走髒汙，有時卻也是造成汙垢的原因，由於自來水中的兩種成分──矽酸會在反覆乾濕的狀態下沉澱；而鈣質（金屬成分）則會和皮脂與清潔劑中的脂肪酸形成化學反應，導致髒汙。

由於水垢是鹼性，可以藉由酸性的檸檬酸融化水垢，再以小蘇打粉吸附汙垢。

水垢是頑強的汙垢，需要有耐心地反覆清除才能完全乾淨。

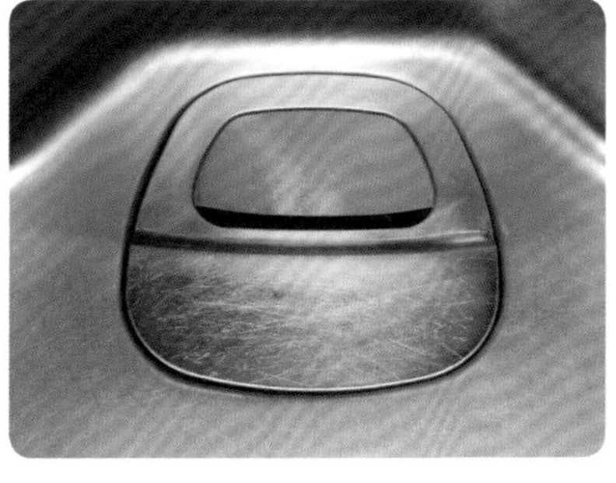

### 水垢在哪裡出現？

水槽、排水孔、水龍頭、蓮蓬頭、水管、浴室門扉、浴室牆面、鏡子、馬桶、熱水瓶內側、玻璃杯、洗碗機、洗衣機、玻璃窗……

### 清除水垢

**檸檬酸溶液＋小蘇打粉**

1. 200 毫升的水添加半小匙或一小匙檸檬酸，調配成檸檬酸溶液。
2. 浸泡過檸檬酸溶液的廚房衛生紙覆蓋於水垢處，約十分鐘後再刷洗。
3. 將濡濕的清潔海綿沾取小蘇打粉後，刷洗汙垢。
4. 徹底沖洗乾淨。

## 黏滑的汙垢

排水孔、洗手台的角落、浴室牆面、洗碗槽裡的廚餘槽等處常常在不知不覺中附著紅色黏滑汙垢，其實這是細菌和細菌的分泌物，又稱為「紅色黴菌」或「紅色斑點」。

這些汙垢不論是視覺上還是觸覺上都很噁心，所以打掃時總會有排斥感，但是這些細菌會因水分而附著，並且依賴皮脂和皂垢繁殖、增加。

這種汙垢不像黴菌般根深蒂固，只要輕輕刷洗就能清除，建議以小蘇打粉刷洗清除，再以水沖淨即可。

清理完畢之後保持乾燥，可以預防黏滑的汙垢再度孳生，建議清理之後再噴灑酒精，以免細菌孳生。

### ＊黏滑汙垢在哪裡出現？＊

浴室的地面與牆面、洗手台內側、浴室小凳的內側、排水孔、廚餘槽、水管……

### 清除黏滑汙垢

**小蘇打粉＋酒精**

1 將濡濕的海綿沾取小蘇打粉後，刷洗黏滑的汙垢。
2 以水沖淨，拭去水分。
3 噴灑酒精。

## 黴菌

黴菌是居家環境中最難清除的汙垢，它是細菌的一種，可以存活於空氣或水中等各種環境。

黴菌喜好高溫潮濕和具備皂垢等養分的環境，所以特別容易附著於浴室之類較為潮濕的環境。

剛剛附著的黴菌只要擦拭即可清除，但是黴菌就連在縫隙中都能生存，只要根深蒂固之後，就非常難以清除了。

最好的方式就是每次使用浴室後即拭去水分，噴灑酒精殺菌，保持不易孳生黴菌的乾燥環境。

### ＊黴菌在哪裡出現？＊

磁磚縫隙、浴簾、浴缸、浴室門、排水孔、廚餘槽、洗衣機、水槽下方、櫃子、壁櫥……

### 清除黴菌

**小蘇打粉＋酒精**

1 可以水洗的部分先撒上小蘇打粉，以海綿或刷子刷洗。
2 沖洗乾淨，拭去水分。
3 噴灑酒精殺菌。

## 頑強的汙垢

瓦斯爐、爐架、瓦斯爐檯面、烹調時沸騰溢出的湯汁痕跡、烹飪器具的汙漬、茶杯或餐具的茶漬和難以清除的汙垢，通稱為「頑強的汙垢」。

這些汙垢是油汙和水垢等汙垢長期累積而成，不知不覺就無法以清潔劑輕易去除。

此類汙垢的種類繁多，必須分門別類加以清除，例如：茶杯的茶漬和咖啡的汙漬，利用小蘇打粉刷洗即可輕輕鬆鬆地清除。

附著於瓦斯爐和烤箱的頑強汙垢則是油汙，可以以小蘇打粉搭配純鹼加以清除。此外，檸檬酸可清除水垢，酒精可清除油垢，絕對都可以讓清潔工作變得更輕鬆。

### 頑強汙垢在哪裡出現？

瓦斯爐、烤箱、抽風機、鍋子、餐具、水壺、杯子、茶壺、烹飪器具、浴缸、洗手台、馬桶……

### 清除頑強汙垢的方式

**茶漬**………使用小蘇打粉刷洗

**油垢**………酒精＋小蘇打粉

**水垢**………檸檬酸

**油性筆**……酒精

**標籤**………酒精

## 異味

一般人大掃除時往往只顧著埋頭清除汙垢，卻忘記異味也是需要清除的。廚房附近出現的異味，其實主因多半是食物的腐壞。

濕氣和衣服上附著的細菌孳生後，導致衣櫃出現霉味；廁所的異味則是由於阿摩尼亞所引起。

這些異味的主因都是汙垢，清除異味不可以只靠芳香劑掩飾，必須找出引起異味的汙垢來源，並且徹底清除，避免汙垢再度附著，才能徹底消滅異味。

打掃時應當配合汙垢的種類選擇清潔的材料，建議使用具備除臭效果的小蘇打粉，能夠達到一石二鳥的效果。

如果更進一步使用小蘇打粉搭配精油製成的精油小蘇打粉，不需要芳香劑也能帶來清香，最後再噴上酒精消毒就萬無一失了。

### 異味在哪裡出現？

磁磚縫隙、浴簾、浴缸、浴室門、排水孔、廚餘槽、洗衣機、水槽下方、櫃子、壁櫥……

### 異味的種類與出現地點

**腐敗造成的惡臭**……廚房、微波爐

**霉味**…………………壁櫥、地毯、水槽下方、空調

**灰塵造成的異味**………壁櫥、地毯、衣櫃

**阿摩尼亞造成的異味**…廁所

**汗臭與皮脂的異味**……壁櫥、衣櫃、鞋櫃、地毯

# 掃除必備 基本工具

很多人都有心打掃，卻不知如何善用海綿或刷子等掃除工具。其實掃除的工具就和小蘇打粉和檸檬酸一樣，依照地點和用途分門別類使用，就能輕鬆又愉快地完成打掃。本單元將為您介紹基本的打掃工具，只要配合打掃地點和用途使用工具，任誰都可以有效率地打掃！

【各式功能型抹布】

功能型抹布也有多種類型，像是不易掉毛、吸水性強、去汙力強……選購時請考量用途。

【一般棉質抹布】

使用抹布的時候不建議一直用到完全變成黑色、沾滿髒汙，因為骯髒的抹布只會讓擦拭過的部分更加骯髒，建議每次打掃準備大約五條抹布，再沾滿髒汙之前就要清洗、替換。

【舊布】

不用的毛巾或T恤剪成合適的大小，清洗鍋碗瓢盆前先將髒汙擦去，用來擦拭的鍋碗瓢盆可以節約清潔劑與沖洗的水量，非常環保。

【廚房刷】

廚房刷適合清理水槽、瓦斯爐和烹調器具，選購時記得挑選刷毛硬度適中的刷具，才能清理頑強的焦汙。

【鋼刷】

鋼刷適合清理瓦斯爐的爐架，雖然清除汙垢的時候非常便利，卻可能會損傷器具，使用時要請留意安全。

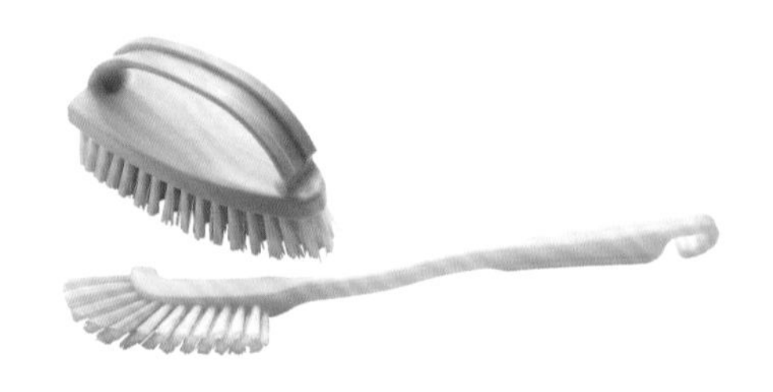

【浴室刷】

浴室刷適合清理浴室的磁磚和牆壁，挑選刷頭彎曲的刷子使用時較方便；刷頭窄小的刷子適合清潔角落。

【馬桶刷】

選購馬桶刷時應注意是否拿取方便且具快速乾燥的設計，馬桶邊緣容易附著汙垢，挑選刷毛長的馬桶刷才能仔細清洗馬桶邊緣。

【溝邊刷】

溝邊刷便於清潔鋁窗之窗框及窄細空間，還能使用於浴室牆腳和牆壁轉等狹窄之處。

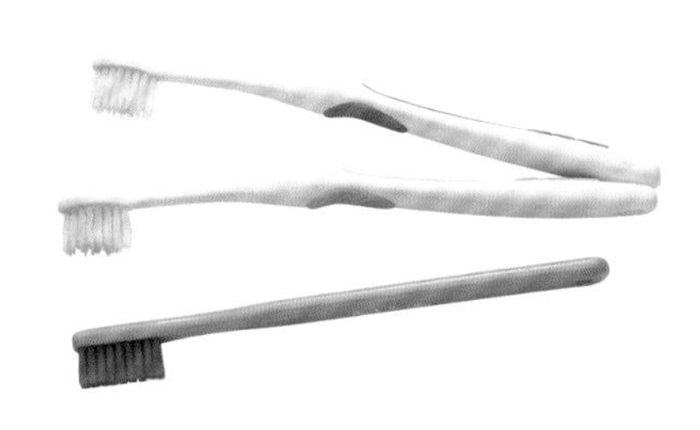

【牙刷】

老舊的牙刷最適合打掃細部，牙刷的握柄、刷頭、刷毛種類眾多，事先準備適合的刷具就能輕鬆打掃。

【棉花棒】

棉花棒適合擦拭細部或家電用品，搭配小蘇打粉溶液或酒精使用，能讓居家環境窗明几淨。

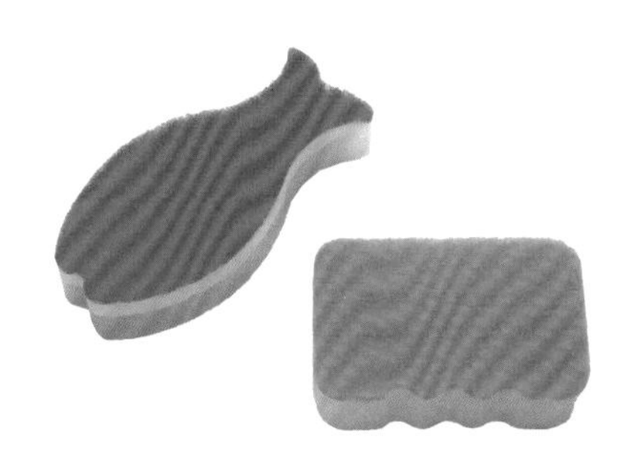

【海綿】

海綿可以清潔餐具，也是打掃的好工具。由於海綿具有多種形狀和硬度，選購時記得挑選容易起泡、擰乾和方便清潔的產品。

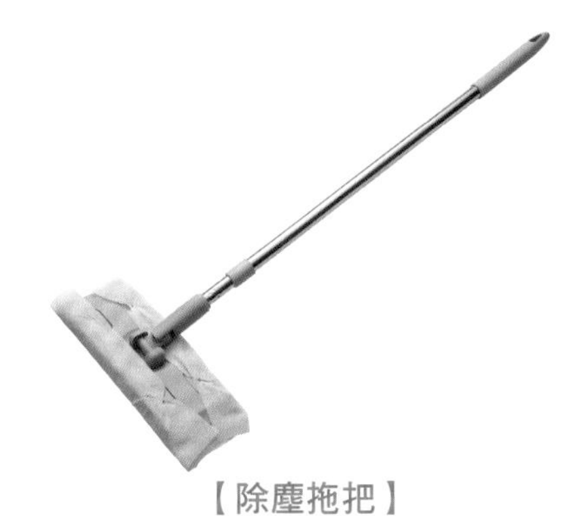

【除塵拖把】

木質地板適合使用紙拖把，平常打掃只需要使用紙拖把乾擦，就能保持乾淨了。

【玻璃刮】

玻璃刮就像汽車雨刷，能帶走附著的水分，不便使用功能型抹布擦拭的玻璃窗，或需要清除大片水滴的浴室，最適合使用玻璃刮。

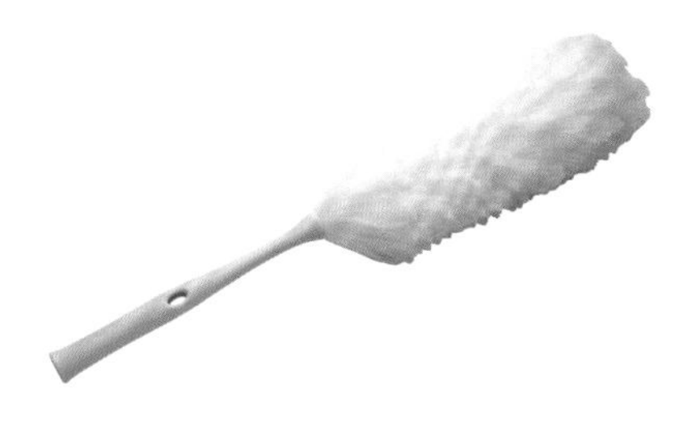

【除塵棒】

只要將刷毛輕輕帶過所需要打掃的部分，靜電的力量就能帶走灰塵，不能水洗的材質就以除塵棒清掃吧！

【手套】

只要戴上厚手套或薄手套就能取代功能型抹布，非常方便，尤其是百葉窗或是空調的出風口最適合利用手套擦拭。另外，狹窄處也可以使用手套清潔。

# 廚房

廚房可以說是汙垢的天堂，充滿了水垢、黴菌和油汙……但只要利用小蘇打粉勤快打掃，輕輕鬆鬆就能煥然一新！由於小蘇打粉是天然素材，完全不必擔心殘留的問題。

## 廚房汙垢

保持廚房乾淨的祕訣就在於「當天的汙垢，當天清除」。廚房是存放食物的地方，別忘了利用酒精消毒！只要遵守以上兩項要訣，就能永保廚房整潔喔！

抽風機

### 油垢

只要一不注意瓦斯爐周圍、烤箱和抽風機就會沾滿油垢與灰塵，而後變得油膩膩、黏答答的。打掃的重點在於利用酒精融化油垢，再以小蘇打粉吸附汙垢。

水槽和水龍頭

### 水垢

清除水槽中水垢的祕訣就是儘快處理！「小蘇打粉＋檸檬酸」的組合效果最佳。打掃完畢之後將水分拭去也是另一項清理要訣。

瓦斯爐四周

### 焦汙

食物溢灑出附著焦汙的鍋子和瓦斯爐四周，與其費力打掃，不如利用小蘇打粉搭配純鹼，讓汙垢剝落後再清潔。

排水孔和垃圾桶

### 異味

異味的原因眾多，可能是細菌、水分或食物殘渣的腐敗所引起。利用小蘇打粉可以同時清除汙垢和異味，搭配具備消毒效用的酒精，效果更好喔！

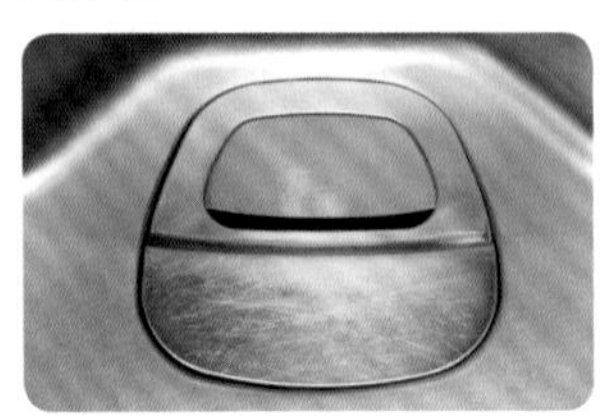

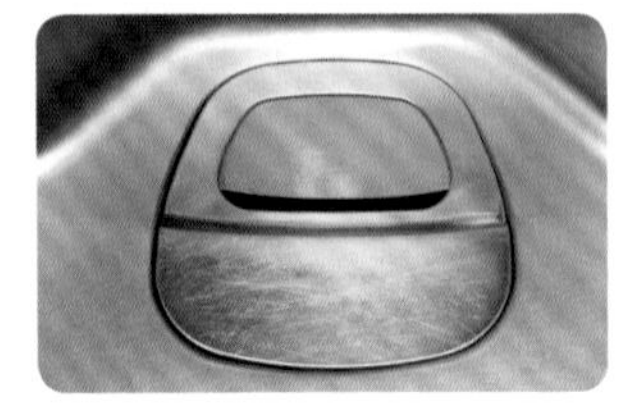

排水孔和廚餘槽

### 黴菌

排水孔和廚餘槽附近容易孳生黴菌，若是考量衛生方面的問題，當然要將黴菌趕盡殺絕。同時能清除汙垢與消除異味的小蘇打粉可在此再度發揮效果！

# ＊水槽＊

從準備到烹調完畢後的整理都需要使用水槽，因此水槽中也堆積了各式各樣的汙垢，只要養成隨時隨地清理的習慣，就算是油垢或水垢也會輕易地消失。

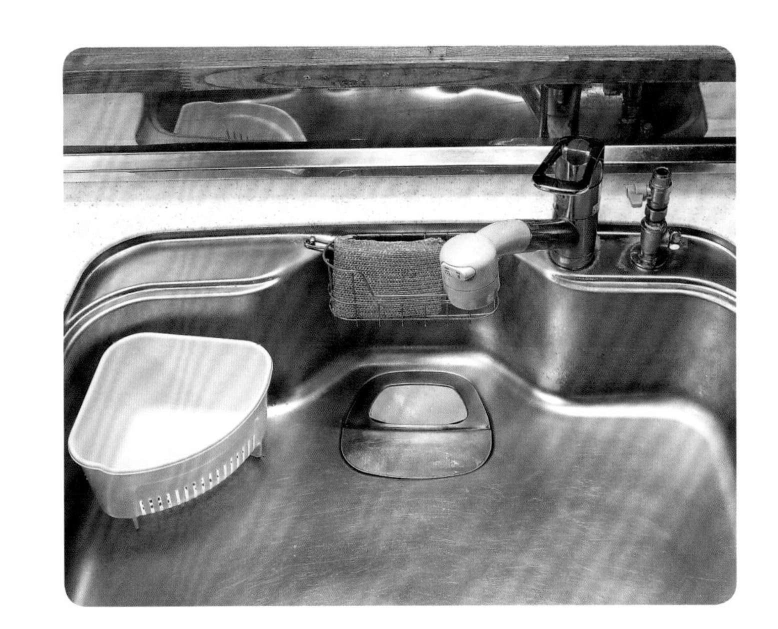

小蘇打粉

檸檬酸

海綿

牙刷

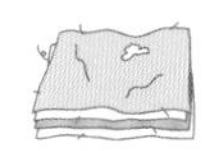

舊布

1 簡單刷洗或以舊布簡單擦拭水槽。

2 水槽中撒入小蘇打粉，將濡濕的海綿沾取小蘇打粉。

3 由水槽上方由上往下朝排水孔的方向刷洗汙垢。

4 徹底沖洗小蘇打粉，再拭去水分。

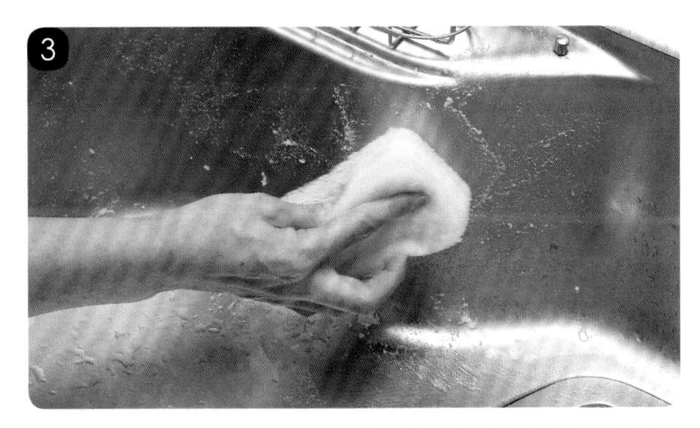



如果汙垢難以清除，則以海綿刷洗後放置十分鐘再度刷洗，若仍無法清除汙垢，繼續重複此一步驟與增加放置時間。

細部處容易堆積汙垢，利用牙刷等工具仔細清洗。

## Q 如何清除水槽內的白色水垢？

A 小蘇打粉也無法清除的水垢可以利用檸檬酸溶液清洗！於附著水垢處鋪上舊布或廚房衛生紙，噴灑檸檬酸溶液（200毫升的水添加半小匙或一匙的檸檬酸）之後放置一會兒就可以發現汙垢逐漸脫落，為了避免檸檬酸殘留，刷洗水垢之後記得要仔細沖洗。

# 廚餘槽

用來存放廚餘的廚餘槽容易產生黏滑的汙垢和討厭的異味，
最適合使用可以同時吸附汙垢和異味的小蘇打粉清理。

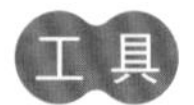

小蘇打粉

酒精（80%）

檸檬酸

刷子

牙刷

1 簡單刷洗廚餘槽中的廚餘。

2 撒上小蘇打粉於廚餘槽後再刷洗。

3 仔細沖洗黏滑的汙垢和髒汙。

4 晾乾之後噴灑酒精，抑制細菌孳生。

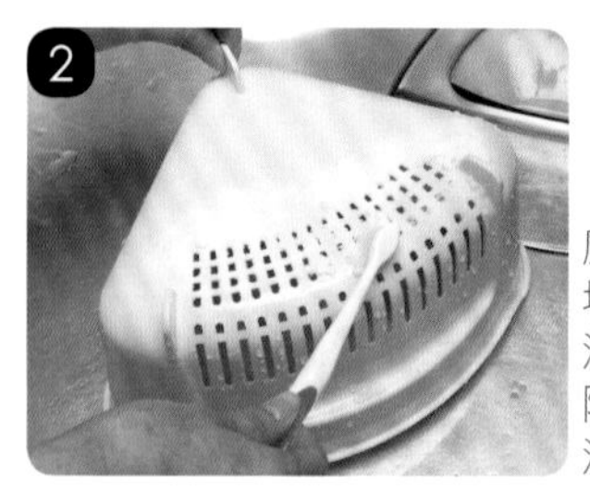

廚餘槽內側汙垢也要仔細刷洗，窄小的縫隙利用牙刷清洗效果更好。

### 如何清除頑強的黏滑汙垢？

先在廚餘槽撒上小蘇打粉以刷子刷洗，之後灑上檸檬酸與熱水就能利用小蘇打粉與檸檬酸所產生的泡沫讓汙垢脫落，最後刷除剝落的汙垢，沖洗乾淨。

# 排水孔

排水孔容易堆積汙垢和食物殘渣，稍微放置就會產生噁心的異味與黏滑的汙垢，由於排水孔是通往下水道的入口，以小蘇打粉清潔避免對環境造成影響。

小蘇打粉

檸檬酸

刷子

牙刷

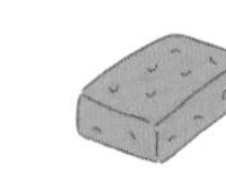
海綿

1 將排水孔的蓋子、濾杯、防臭蓋（阻擋下水道異味的蓋子）拆下之後撒上小蘇打粉。

2 以刷子刷洗後沖洗乾淨。

3 排水孔內側請使用海綿清洗，水管內則利用長柄刷刷洗。

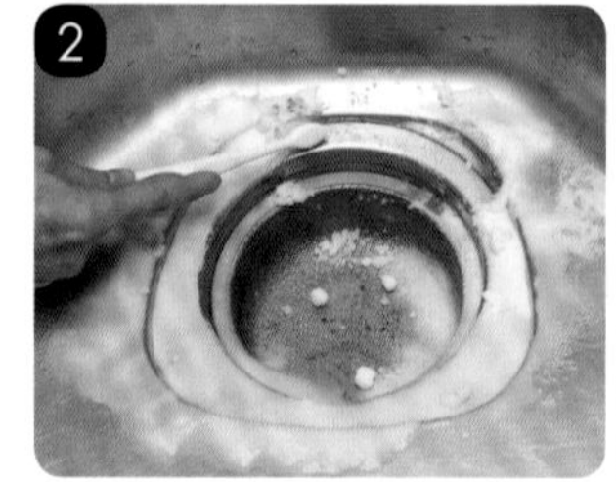

排水孔內外凹凸不平的部分，利用牙刷或細柄的刷子刷洗。

### 如何清除頑強的黏滑汙垢和黴菌？

於排水孔撒入大量的小蘇打粉，放置三十分鐘至一小時，再灑入檸檬酸和淋上少許熱水，出現泡沫之後放置五分鐘後再進行刷洗。
濾杯和防臭蓋清洗完畢之後各別擦乾再裝回，就不容易孳生細菌和產生異味了。

# 瓦斯爐

瓦斯爐的油汙如果不立刻清除，日後打掃工作就會非常辛苦。時常利用小蘇打粉與酒精清除，就能隨時保持瓦斯爐乾乾淨淨了！

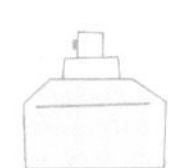
小蘇打粉溶液

小蘇打粉

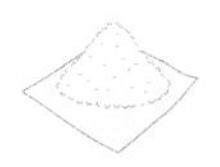
純鹼

海綿

刷子

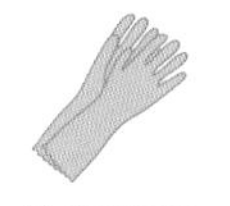
橡膠手套

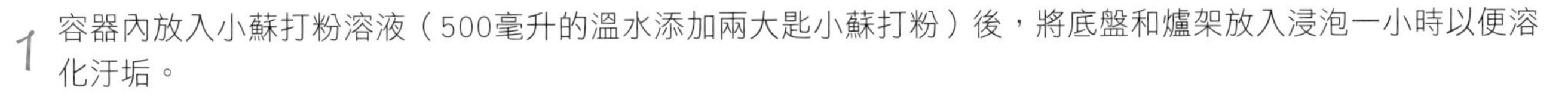

1 容器內放入小蘇打粉溶液（500毫升的溫水添加兩大匙小蘇打粉）後，將底盤和爐架放入浸泡一小時以便溶化汙垢。

2 瓦斯爐外殼拆下後先於水槽沖去汙垢，再以濡濕的海綿沾取小蘇打粉刷去汙垢。

3 於頑強的汙垢上撒上小蘇打粉後濡濕，放置十至三十分鐘，再以海綿或刷子刷洗，最後以清水沖淨。

烹調後趁著瓦斯爐殘留餘溫（不致燙傷的程度）時，以濡濕的抹布擦拭就能輕易清除汙垢。打掃的重點祕訣其實在於「時機」。另外，噴灑過酒精的抹布也能清除輕微的汙垢，但使用酒精時請務必注意保持通風，並關閉火源。

**Q 如何清除頑強焦汙？**

A 將附著頑強汙垢的爐架等零件放入純鹼溶液（兩公升的水添加一到兩大匙的純鹼），以瓦斯爐加熱至完全沸騰後轉小火持續沸騰十分鐘，關上火源後待水溫降至可以手接觸，戴上橡膠手套刷洗零件。

## 烤箱

魚類等食材烹調時冒出的水蒸氣與油煙，會讓油汙和異味附著於密閉的烤箱中，若希望準備出美味可口的餐點，建議每次使用後隨時利用小蘇打粉清潔底盤與烤網。

小蘇打粉

刷子

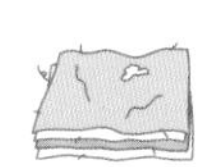
舊布

1. 先以布拭去底盤與烤網上附著的油汙。
2. 以濡濕的刷子或鐵刷沾取小蘇打粉後刷洗底盤與烤網。
3. 完成步驟2之後，以水沖淨。

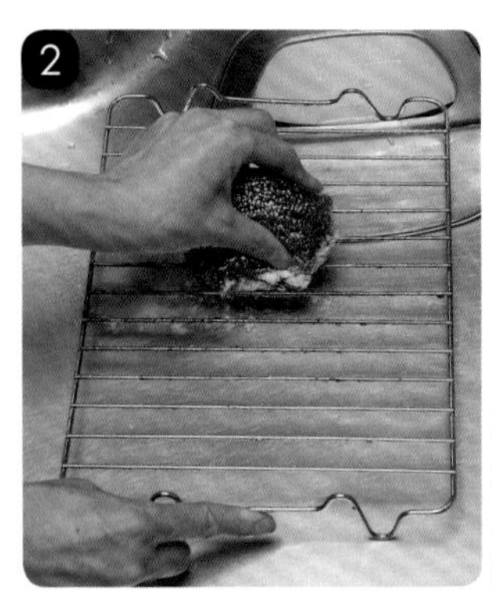
刷子或鐵刷沾水濡濕之後沾取小蘇打粉，刷洗烤網。

### 如何除去異味？

使用前就在底盤鋪滿小蘇打粉，可以同時吸附噁心的異味與汙垢；或是只要在使用後的底盤撒上小蘇打粉，就能馬上清除油汙。

## 瓦斯爐四周的牆壁

烹調中使用的食用油與調味料經常會沾黏在瓦斯爐四周的牆壁上，久了之後不但難以清除，更是孳生黴菌的溫床。

小蘇打粉溶液

精油酒精（80%）

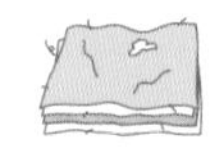
舊布

功能型抹布

1. 於抹布上噴灑小蘇打粉溶液（500毫升的水添加兩大匙小蘇打粉）之後，拭去汙垢。
2. 倘若汙垢難以清除，以小蘇打粉溶液浸濕廚房衛生紙或是舊布，張貼於牆壁一段時間，再以功能型抹布擦拭。
3. 倘若希望更乾淨，以小蘇打粉溶液擦拭之後再以清水擦拭，最後以功能型抹布乾擦，如此一來，磁磚便能重現光亮。

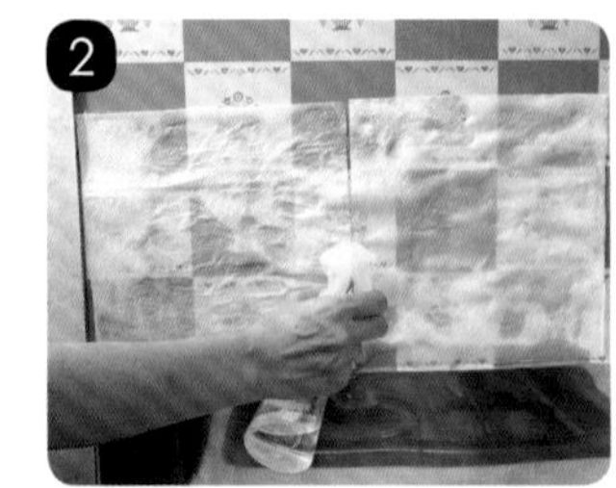
以小蘇打粉溶液噴濕的廚房衛生紙覆蓋於汙垢部分，就能輕易地去除。

### 如何清除牆面

？

以精油酒精代替小蘇打粉溶液噴灑於牆面之後，以抹布擦拭，酒精揮發快，無須再度乾擦，除了縮短清潔時間，還能散發清香。

# 抽油煙機（葉片型）

廚房的抽油煙機葉片因為油汙和灰塵而變得油膩，建議於換季時清理。

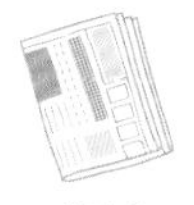

小蘇打粉　純鹼　報紙

舊布　海綿

1. 記得關閉電源，拆除抽油煙機中可以拆下的所有零件後，置於厚報紙上。
2. 小蘇打粉與純鹼以一比一的比率加水溶化（500毫升的水添加小蘇打粉與純鹼各兩大匙），淋在零件上，靜置一段時間之後，使用舊布擦拭。
3. 汙垢清除至一定程度後，將小蘇打粉撒在葉片部分，以海綿刷洗之後沖水。

如何清除附著的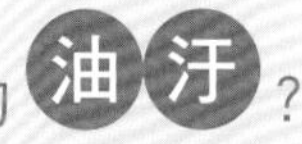？

如果葉片和抽油煙機外框附著的油汙頑強難以清除，可以將零件浸泡於溫水、小蘇打粉與純鹼所調配的溶液中，再以海綿刷洗，即可輕鬆去除汙垢；或是將浸泡溶液後的廚房衛生紙貼在抽風機上，靜置一段時間之後再清洗。

# 抽油煙機（濾網型）

牙刷能將沾滿油汙與灰塵的濾網縫隙清掃得乾乾淨淨。

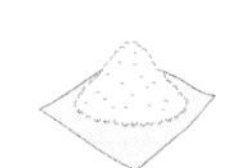

酒精（50%）　小蘇打粉　純鹼

報紙　牙刷

1. 濾網拆下後置於報紙上，噴上大量酒精後靜置十分鐘，融化油汙。
2. 於濾網撒上小蘇打粉以吸除油汙。
   ※油汙頑強難以清除時，以純鹼代替小蘇打粉。
3. 以牙刷依一定方向刷洗聚集灰塵、髒汙，再以舊布拭淨濾網。
4. 以溫水洗去汙垢之後晾乾。
   ※可以小蘇打粉與純鹼調配的溶液代替酒精。

1 於濾網噴上大量的酒精以融化汙垢。

3 待小蘇打粉吸收汙垢變成咖啡色之後，再以牙刷刷洗。

# 冰箱

冰箱經常開開關關，外側容易沾染灰塵與手垢，內側容易沾染食物的汙漬與異味，冰箱門的軟墊容易孳生黴菌，是打掃時必須多多注意的部分。冰箱的作用是保存日常飲食的食材與飲用水，因此需隨時保持清潔。

## 外側

小蘇打粉

酒精（80%）

功能型抹布

棉花棒

1. 調製小蘇打粉溶液（500毫升的水添加兩大匙小蘇打粉）噴灑於頑強的汙垢上，放置一段時間之後使用功能型抹布擦拭。
2. 於冰箱外側噴灑酒精，再以乾的功能型抹布擦拭。
3. 於把手的邊緣、把手框和縫隙等細部噴灑酒精，再以棉花棒擦拭汙垢。

## 附屬零件

小蘇打粉

酒精（80%）

海綿

1. 將附屬的零件全部拆下。
2. 全部撒上小蘇打粉，以海綿刷洗。
3. 沖洗乾淨之後擦乾，噴灑酒精。

以海綿仔細地清除附屬零件的汙垢。

## 內部

酒精（80%）

功能型抹布

棉花棒

1. 依冰箱架深處、側邊和外側的順序（由裡到外），以噴灑過酒精的功能型抹布擦拭。
2. 利用棉花棒（或是包布的免洗筷）清理冰箱門軟墊的汙垢。
3. 時常噴灑酒精，並以功能型抹布擦拭，以免黴菌孳生。

依照由上而下、由裡到外的順序擦拭汙垢。

# 廚房的抽屜

相信大家都曾在抽屜裡發現食物殘渣和灰塵，打掃時別忘了一併清理！

小蘇打粉

酒精（80%）

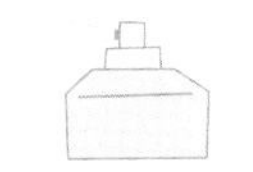

小蘇打粉溶液

牙刷

功能型抹布

1. 清空抽屜，撒上小蘇打粉之後以牙刷刷洗四個角落，再將使用過的小蘇打粉倒入垃圾桶。
2. 於抽屜的內部和把手噴上酒精後，以功能型抹布擦拭。
3. 抽屜表面噴上小蘇打粉溶液後，以功能型抹布擦拭。
4. 在陰涼通風的地方徹底晾乾抽屜。

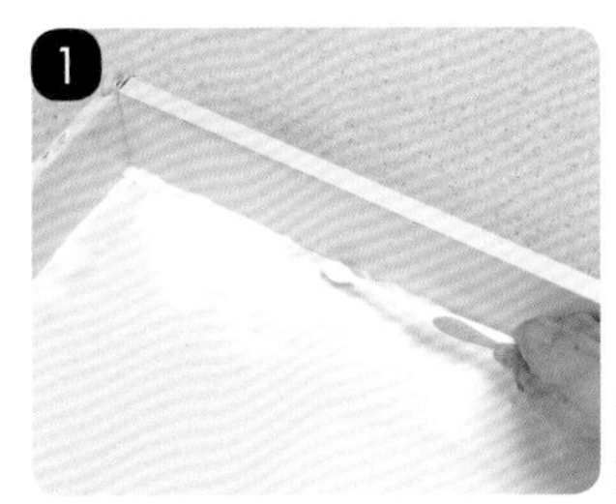
清空抽屜，以牙刷刷洗抽屜四個角落。

# 水槽下方的櫃子

高溫潮濕的水槽下方容易孳生黴菌和產生異味，可以利用酒精和小蘇打粉清潔。

酒精（80%）

精油小蘇打粉

抹布

1. 清空水槽下方的櫃子，噴灑酒精。
2. 由裡到外擦拭櫃子，排水管上容易孳生黴菌和附著汙垢，記得要一併清理。
3. 於門板內側、下方和外側噴灑酒精，再以抹布擦拭。

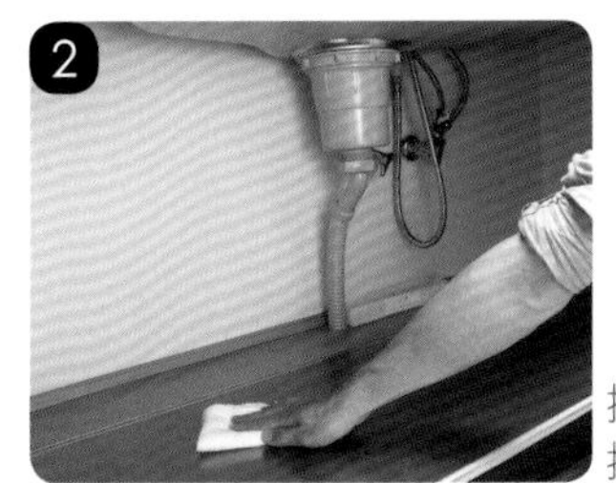
擦拭時別忽略了排水管的四周。

## 將異味轉換為 

以空果醬罐盛裝小蘇打粉和喜歡的精油（約20滴）混合而成的精油小蘇打粉，放置於水槽下方，不但可以吸收異味，還能代替芳香劑。精油小蘇打粉芳香劑的壽命為兩個月，使用期限內記得要時時攪拌，之後還可以回收打掃，避免異味的訣竅在於注意通風，不要堆放過多物品。

# 微波爐

加熱食物時，水蒸氣和四溢的調味料會汙染微波爐內側，因此實際情況定比目視更為骯髒。而微波爐中的異味也無法單純仰賴通風去除，建議使用小蘇打粉來清除。

## 汙垢

工具

酒精

小蘇打粉

海綿

功能型抹布

1 微波爐外側噴灑酒精，再以功能型抹布擦拭。

2 以噴灑過酒精的功能型抹布由上方、內側到外側的方向，依序擦拭。

3 拆下的旋轉盤置於水槽中，撒上小蘇打粉刷洗，沖洗乾淨之後，以功能型抹布拭去水分。

2 為了避免殘留汙垢，必須由裡向外擦拭。

## 異味

工具

檸檬酸溶液

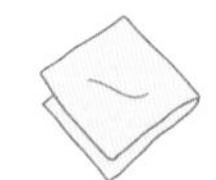
功能型抹布

1 耐熱玻璃碗中調配檸檬酸溶液（200 毫升的水添加半小匙至一小匙的檸檬酸），以微波爐加熱十分鐘，讓微波爐中充滿檸檬酸溶液的水蒸氣。

2 水蒸氣充滿微波爐之後，以乾的功能型抹布擦拭內側，擦拭時請注意水蒸氣可能會造成燙傷。

1 充足的檸檬酸蒸氣才能消除異味。

### 將異味轉換為芳香

以柑橘類的果皮代替檸檬酸放入水中加熱，也能帶來清爽的香氣。
除了柑橘類的果皮之外，薄荷、迷迭香、百里香等香草也有同樣的效果，請依據個人喜好，挑選喜愛的香氛吧！

# 熱水瓶

相信很多人覺得熱水瓶平時就已經加熱消毒過了，所以不需要另外清潔，其實熱水瓶也會因水垢而堆積汙垢喔！

檸檬酸

1. 倒入水至高水位，加入兩小匙檸檬酸攪拌溶化。
2. 按下開關加熱沸騰，放置一會兒後倒掉熱水。
3. 重複步驟1和2，但不需加入檸檬酸。

熱水瓶中的水垢會在不知不覺之間堆滿熱水瓶內側，所以必須勤快地清理。

# 攪拌器

很難手洗乾淨的攪拌器只要倒入小蘇打粉溶液後按下開關，轉眼間就能煥然一新。

小蘇打粉

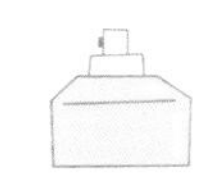

小蘇打粉溶液

海綿

功能型抹布

1. 拆下所有附屬零件，撒上小蘇打粉後以海綿刷洗，並沖洗乾淨。
2. 將刀片裝回容器內，倒入小蘇打粉溶液（500毫升的水添加兩大匙小蘇打粉）後打開開關，轉動幾回，請注意別讓小蘇打粉溶液溢出容器。
3. 轉動十分鐘後關掉電源，以海綿刷洗容器內側。
4. 徹底沖洗乾淨之後，以功能型抹布拭去水分，晾乾後再收納。

# 洗碗機

因為天天使用洗碗機，很容易忽略內部的清潔，可是洗碗機也會因為水垢和清潔劑的泡沫而堆積汙垢，必須時常清潔。

小蘇打粉

檸檬酸

海綿

1. 以濡濕的海綿沾取小蘇打粉刷洗所有拆下的零件，例如：濾網和放置盤子的網籃……
2. 於洗碗機中放入50公克的檸檬酸（約三大匙），啟動開關。
3. 如果附著頑強水垢，以海綿沾取檸檬酸刷洗。

步驟2時放入其他沾附水垢的物品一起清潔，可以讓打掃更輕鬆，例如：不鏽鋼的瀝水盆和茶壺濾網……

## 電鍋

電鍋煮飯時噴出的蒸氣含有澱粉，容易汙染電鍋內外側，使用之後記得要馬上擦拭水分與汙垢。

小蘇打粉

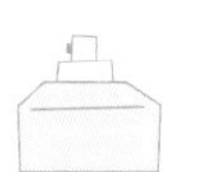
小蘇打粉溶液

酒精（80%）

海綿

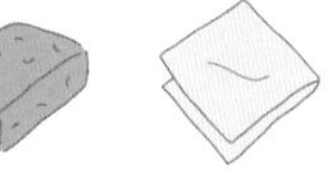
功能型抹布

1 拆下所有零件，撒上小蘇打粉之後以海綿刷洗。
2 內鍋噴灑小蘇打粉溶液，請以柔軟的海綿刷洗，避免刮傷鍋子。
3 電鍋內部噴灑小蘇打粉溶液或酒精，再以功能型抹布擦拭。

電鍋和蓋子之間的縫隙也是容易累積汙垢的地方。

## 咖啡機

咖啡機因為需要加水，如果都沒有清潔，也是會累積水垢的，建議以檸檬酸的力量清除水垢！

檸檬酸溶液

1 倒入水至高水位，加入兩小匙檸檬酸。
2 按下開關，啟動咖啡機。
3 咖啡機停止動作後，把水倒掉。
4 重複兩次步驟1至3，但是不需添加檸檬酸。

第一次添加檸檬酸，第二次和第三次添加清水即可。

## 其他廚房家電

清理後的廚房家電噴灑酒精和小蘇打粉溶液後再加以擦拭，就可以常保如新。

酒精（50%）

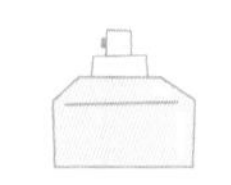
小蘇打粉溶液

功能型抹布

1 關掉電源，拔下插頭。
2 以噴灑過酒精的功能型抹布擦拭家電外側。
3 如果汙垢難以清除，改用噴灑過小蘇打粉溶液（500毫升的水添加兩大匙的小蘇打粉）或是已噴灑酒精的功能型抹布擦拭。

家電的深處和底部經常附著平日不常注意到的汙垢，清理時記得要從各個角度清理。

## ＊鍋子（焦汙）＊

附著於鍋子上的焦汙是食物加熱過度氧化所造成的物質，只要利用具研磨效果的小蘇打粉刷洗就能輕鬆去除。

小蘇打粉

海綿

1. 鍋內裝入半鍋水，添加兩大匙小蘇打粉，加熱至完全沸騰後，改為小火加熱五分鐘。
   ※不沾鍋與琺瑯鍋不適用此方式清潔。
2. 關閉火源，待鍋子的溫度降到可以手觸摸的程度之後移至水槽，以海綿或鋼刷刷洗。
3. 徹底以水沖洗乾淨。

如果汙垢難以清除，就多重複幾次以上的步驟。另外，添加粗鹽可以提升研磨的效果。

## ＊平底鍋＊

小蘇打粉不僅可以清除汙垢，還具備研磨的效果，附著於平底鍋的頑強焦汙和油垢，可以藉由研磨而清除。

小蘇打粉

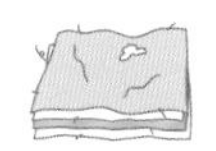
舊布

海綿

牙刷

1. 以舊布拭去汙垢。
2. 撒上小蘇打粉，以海綿刷洗汙垢。
   ※不沾鍋不適用此方式清潔。
3. 鍋把與鍋子連接的部分以牙刷刷洗後，以水沖洗乾淨。

縫隙中的汙垢也要確實清除。

## ＊湯匙刀叉＊

清潔湯匙、刀、叉等直接接觸口腔的餐具時，儘量避免使用化學合成的清潔劑，建議改用自然無害的小蘇打粉。

小蘇打粉

檸檬酸

海綿

功能型抹布

1. 盆中裝滿水，添加三大匙的小蘇打粉，湯匙與刀叉放入調配好的小蘇打粉溶液，浸泡一晚。
2. 以海綿刷洗汙垢之後，仔細沖洗乾淨。
3. 失去光澤的湯匙與刀叉可以濡濕的海綿沾取檸檬酸刷洗，放置一陣子之後沖洗乾淨，再以功能型抹布拭去水分。

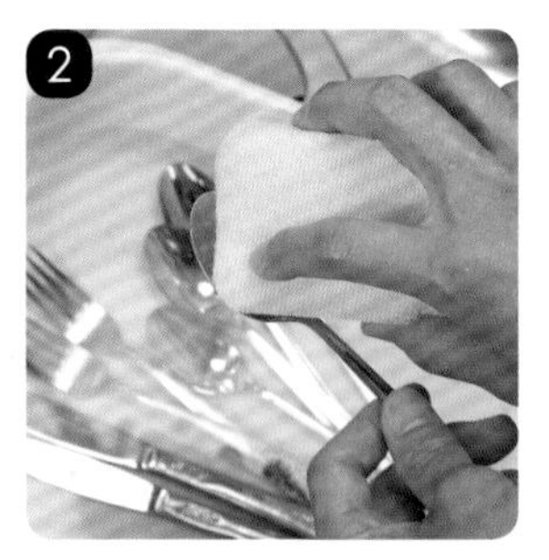

浸泡小蘇打粉溶液之後，以海綿刷洗汙垢。

# 碗盤

碗盤雖然容易沾染油汙和斑點，但只要以小蘇打粉刷洗就能煥然一新。使用安全的天然素材清潔，吃飯的時候才會更安心！

小蘇打粉

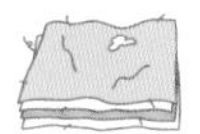
舊布

海綿

1 舊布擦拭汙垢後以溫水沖洗。

2 濡濕的海綿沾取小蘇打粉，刷洗汙垢。

3 徹底沖洗乾淨，避免小蘇打粉殘留，倘若汙垢難以去除，重複步驟 2 。

小蘇打粉搭配鹽可以提升研磨效果，清除頑強的汙垢。

# 茶壺・杯子

茶壺和杯子長期使用之後，會累積茶漬和泛黃。如果想清除時，可以浸泡小蘇打粉溶液。

小蘇打粉

海綿

1 將茶壺和杯子放入盆中，倒入熱水直至淹過茶壺和杯子。

2 添加四大匙小蘇打粉，浸泡時間為水溫下降至可以手直接碰觸。

3 以海綿刷洗汙垢，沖洗乾淨，如果汙垢難以清除，直接撒上小蘇打粉刷洗。

可以免洗筷包布清理茶壺嘴等難以清除的縫隙。

# 玻璃杯

玻璃杯附著汙垢或失去光澤，就必須馬上以小蘇打粉清除，小蘇打粉具備的輕微研磨效果，可以讓玻璃杯煥然一新又不會傷害材質。

工具

小蘇打粉

檸檬酸

海綿

功能型抹布

1 以濡濕的海綿沾取小蘇打粉，刷洗汙垢。

2 徹底沖洗，避免小蘇打粉殘留，失去光澤的玻璃杯可以檸檬酸刷洗。

3 以不易起毛的功能型抹布拭去水分，再晾乾玻璃杯。

小蘇打粉可以清除汙垢，檸檬酸可以讓玻璃杯重現光澤。

## 保鮮盒

保鮮盒因為長期存放食物，容易沾染食物氣味，每次使用前後都必須以小蘇打粉仔細清潔。

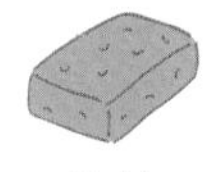

小蘇打粉　海綿

1. 以濡濕的海綿沾取小蘇打粉，刷洗汙垢。
2. 徹底沖洗，避免小蘇打粉殘留。
3. 如果尚有氣味殘留，沖洗之後拭去水分，鋪放小蘇打粉，靜置一會兒之後，刷洗沖淨。

以海綿仔細刷洗轉角的汙垢。

小蘇打粉與柑橘類的果皮搭配使用，除臭效果更好。

## 水壺

水壺內部細長，就算使用刷子也難以清洗，但是只要利用小蘇打粉和檸檬酸的特性，水壺底部的茶漬也能清潔溜溜。

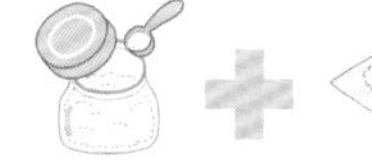

重曹　檸檬酸　牙刷

1. 將兩大匙小蘇打粉和一大匙檸檬酸倒入水壺（500 毫升）後添加 250 毫升的溫水，使其發泡。
2. 不再發泡之後倒滿水，蓋緊蓋子。
3. 上下搖晃水壺之後打開蓋子，釋放掉內部氣體後再次搖晃水壺。
4. 靜置三十分鐘後，仔細沖洗。
5. 利用步驟 4 的水，清洗水壺蓋，並將少許水倒入水壺杯中，以牙刷沾水清洗壺蓋，最後徹底沖洗。

加入小蘇打粉與檸檬酸之後，倒入250毫升的溫水。

# 砧板

廚房中的砧板因為料理各種食物而容易附著異味與孳生細菌，但是只要利用小蘇打粉和酒精的特性，就能輕鬆去除汙垢、異味和殺菌。消毒過的砧板使用起來也格外安心呢！

小蘇打粉

酒精（80%）

檸檬酸

刷子

1 簡單沖洗砧板。

2 撒上大量小蘇打粉後刷洗。※如果異味強烈，建議撒上小蘇打粉後靜置二十分鐘再進行刷洗。

3 沖洗乾淨之後，噴灑酒精。

4 日照消毒，殺菌效果更好。

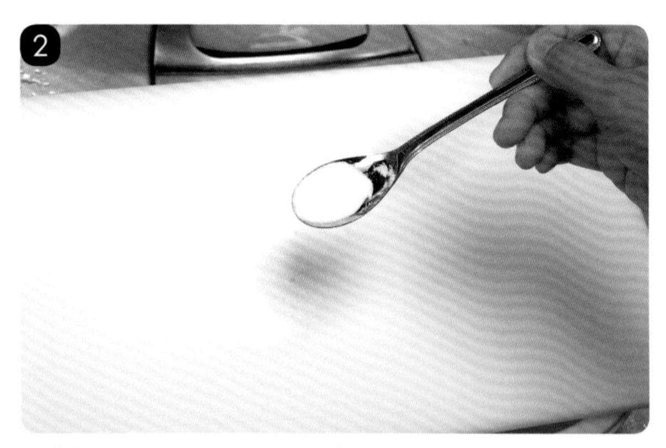
小蘇打粉可以清除食物所造成的汙垢、異味與細菌，可大量使用，效果較佳。

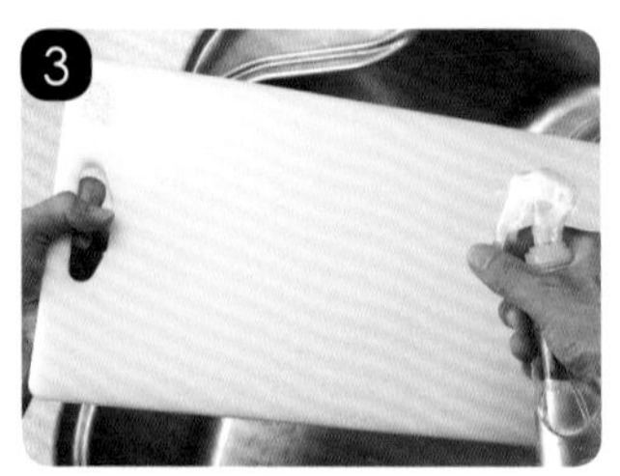
砧板兩面都噴灑酒精消毒。

**Q 滲入砧板的汙垢可能清除乾淨嗎？**

A 如果滲入的汙垢是肉類、魚類或油類所造成，可以利用檸檬酸清除。使用小蘇打粉刷洗後不需以水沖洗，直接撒上檸檬酸放置片刻再沖洗，小蘇打粉與檸檬酸接觸之後會產生泡沫，帶走汙垢。

此外，每次使用砧板前先以水大致沖洗過一次，再以濕抹布擦拭就不易沾染食物的氣味或顏色；每次使用完畢之後馬上清除，就能常保清潔。

# 海綿・刷子

海綿與刷子是清潔用品，如果滲入油汙就會汙染其他物品，必須時常清洗。

小蘇打粉　純鹼

橡皮手套

1 先簡單沖洗以清除汙垢。

2 鍋中裝滿水，加入相同分量的小蘇打粉與純鹼（比例為1：1）後放入海綿與刷子，加熱至完全沸騰。

3 沸騰後轉為小火，持續沸騰五分鐘之後熄火，靜置一會兒。

4 水溫降至可以手直接碰觸之後，戴上橡皮手套搓洗海綿與刷子，最後以清水沖洗，請務必徹底晾乾之後再使用。

接觸純鹼時務必戴橡皮手套。

# 垃圾桶

垃圾桶是時常裝載廚餘與廢棄的食物容器，容易沾附異味，尤其是高溫潮濕的夏天，必須頻繁地清潔才能維持廚房整潔。

精油小蘇打粉

酒精

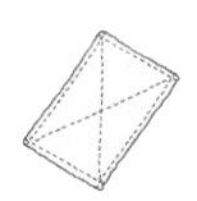

抹布

1 在垃圾桶內撒上精油小蘇打粉，濡濕的抹布擰乾之後擦拭垃圾桶的汙垢。

2 如果汙垢難以清除，稍微濡濕汙垢處後直接撒上精油小蘇打粉，靜置一會兒之後刷洗。

3 蓋子、踏板等手腳直接碰觸的部分，噴灑酒精後以抹布拭去汙垢。

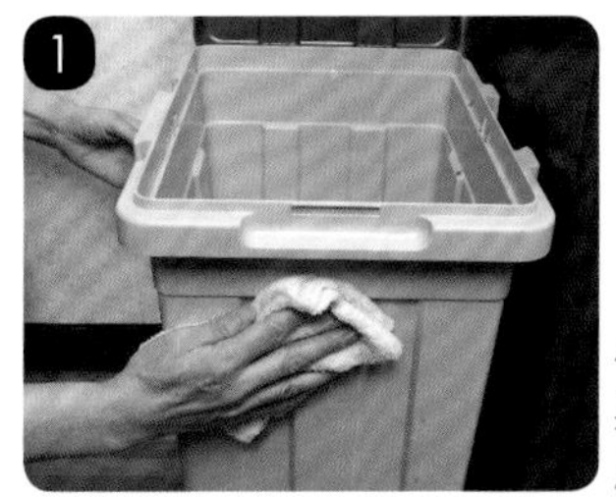

小蘇打粉的除臭功能與精油的芳香相輔相成，可以消除異味。

垃圾桶容易孳生細菌，建議常以酒精消毒手腳直接碰觸的部分。

# 客廳

客廳是親朋好友聚集、休閒的空間，也因為是眾人隨時聚集的地點，
所以容易附著各式汙垢與異味，想要保持環境舒適，
可以利用無害環境的小蘇打粉搭配其他天然素材進行清理。

## 客廳的汙垢

客廳是最多人使用的地點，特別容易沾附異味。針對異味處以小蘇打粉和酒精清理，就能恢復清新的氣息。

玻璃窗和鋁窗

### 水垢和露水引起的發霉

窗戶成天開開關關，容易附著手垢與露水所引起的發霉，窗戶整體可以使用檸檬酸與酒精擦拭，鋁框可使用小蘇打粉清潔。

燈具與百葉窗

### 灰塵

燈具與百葉窗不但容易堆積灰塵，又不易打掃，利用小蘇打粉和酒精，輕輕鬆鬆就能清潔乾淨。

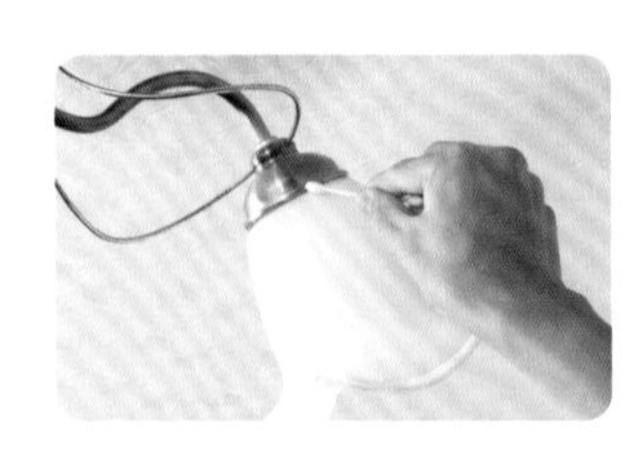

窗簾

### 異味

窗簾因為位於窗邊，容易沾染室內外的氣味，經常噴灑酒精，就能輕鬆除臭。

木質地板

### 頑強汙垢

針對頑強的汙垢，可以利用小蘇打粉刷洗或以檸檬酸溶液擦拭，平日的保養也可以使用檸檬酸溶液。

地毯、布沙發

### 汙漬

慌張擦拭潑撒到地毯上的果汁，反而會在地毯上留下痕跡，此時馬上撒上小蘇打粉吸收水分，再以吸塵器清除即可。

# 木質地板

掃地和擦地就能清除大部分附著於木質地板的汙垢，但是灰塵之類的細小汙垢容易堵塞於縫隙中，建議最好每個月定期清理。

工具

小蘇打粉　檸檬酸溶液

抹布　牙刷

1. 清除地板上的垃圾，以吸塵器除去灰塵。
2. 地板角落和附著頑強汙垢的部分，先以微濕的抹布尖端沾取小蘇打粉，一邊吸附汙垢一邊擦拭。
3. 最後以噴灑過檸檬酸的抹布，再度擦拭地板。

木質地板的縫隙與壁面接縫處極容易堆積灰塵，可以利用牙刷清理。

### 大面積的地板如何以抹布輕鬆打掃？

如果地板面積甚大，只有特別骯髒的部分需要使用小蘇打粉擦拭，平常只需噴灑檸檬酸溶液，再以市面上販售的紙拖把清潔即可。有些木質地板不適合使用天然素材清理，使用之前最好先在不顯眼的部分測試一下。



# 榻榻米

橫躺於榻榻米上放鬆休息是件愉快的事，但是如果榻榻米的縫隙裡都是灰塵，就會顯得整體非常骯髒，就以檸檬酸清除榻榻米縫隙中惱人的灰塵吧！

工具

檸檬酸 + 水

掃帚　棉花棒　抹布

1. 先以掃帚或吸塵器簡單清理榻榻米的縫隙，榻榻米的布邊特別容易堆積灰塵，必須仔細打掃，其他細部處請利用棉花棒清潔。
2. 水桶盛滿水，加入一大匙檸檬酸，抹布浸泡檸檬酸溶液之後擰乾。
3. 沿著榻榻米的紋路擦拭，如果擦拭過的榻榻米太濕，以乾抹布再度擦拭至水分完全消失為止。

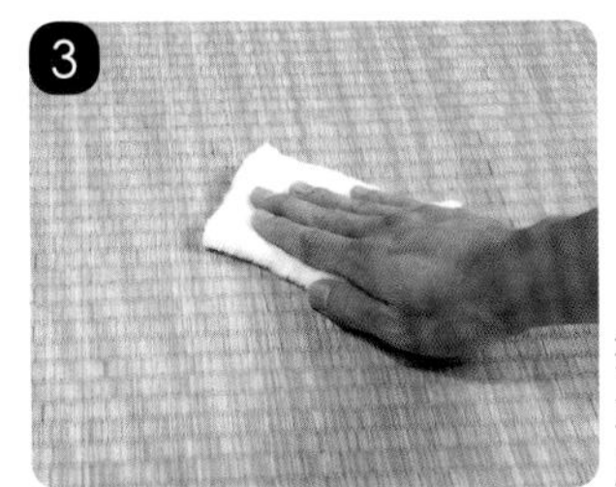



擦拭過的榻榻米如果太濕，使用乾抹布再度擦拭一遍。

## 地毯

地毯非常容易附著灰塵和沾黏垃圾，先以吸塵器簡單清掃之後，再以小蘇打粉吸附汙垢，最後以吸塵器吸去小蘇打粉。

精油小蘇打粉　刷子

1. 先以吸塵器清除地毯上的垃圾。
2. 撒上精油小蘇打粉，如果是長毛地毯，可以刷子將精油小蘇打粉刷進地毯深層。
3. 靜置一小時之後，再以吸塵器吸去小蘇打粉。

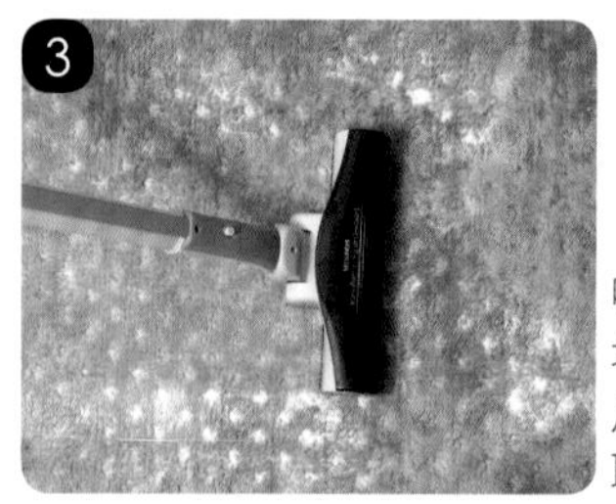

吸塵的方向和地毯紋路相反，才容易吸取灰塵。

### 如何清除地毯的汙垢？

當果汁或醬料潑灑在地毯上，立刻撒上大量的小蘇打粉，切勿慌張擦拭，由於小蘇打粉能吸附汙垢，等到小蘇打粉完全吸收水分之後再以吸塵器清除即可。但是小蘇打粉無法吸附乾燥或擱置後的汙垢，建議當下一定要馬上處理。

## 電地毯

換季收起電地毯之前，應該先清理乾淨。使用前和使用時也別忘了定期清理喔！

小蘇打粉　酒精（80%）

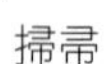

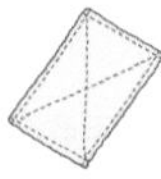

掃帚　抹布　棉花棒

1. 撒上小蘇打粉於電地毯套上，以掃帚掃開之後再以吸塵器清除。
2. 以乾抹布擦拭電地毯。
3. 以棉布沾取酒精擦拭開關和電線，細部則以棉花棒清潔。

以棉布沾取酒精擦拭開關和電線的部分。

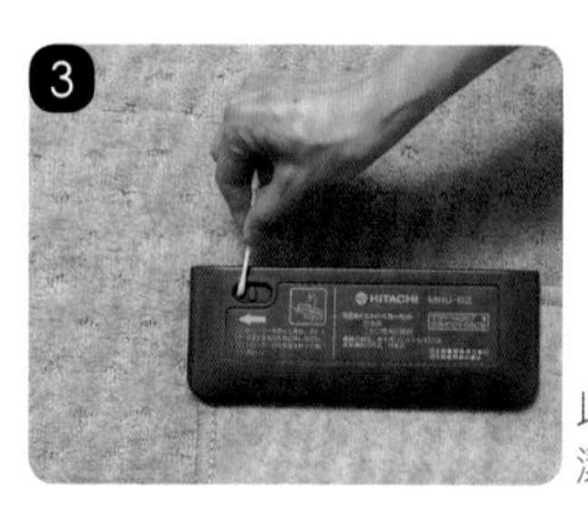

以棉花棒沾取酒精清潔開關的細部。

## 玻璃窗

將檸檬酸溶液噴灑於玻璃後以抹布擦拭，原本骯髒的玻璃窗馬上就能煥然一新。

檸檬酸溶液

酒精(80%)

功能型抹布

如果玻璃窗髒汙情況嚴重，可以重複噴灑檸檬酸溶液清潔，再以酒精擦拭。

1. 噴灑檸檬酸溶液於玻璃表面。
2. 以乾的功能型抹布仔細拭去玻璃上的水分，如果玻璃非常骯髒，以檸檬酸溶液清潔之後再以酒精擦拭一次。

### 雨後的早晨正是打掃的好時機！

因為雨水會洗去室外玻璃窗上的灰塵，所以放晴之後正是擦窗戶的好時機。建議在雨後的清晨準備兩條功能型抹布：一條用來拭去水分，另一條用來乾擦。

## 紗窗

紗窗如果沾附灰塵，會影響通風，清洗時拆下紗窗才方便進行清洗作業，仔細清理紗窗，就可以讓家中充滿新鮮空氣！

酒精(80%)

小蘇打粉水

檸檬酸溶液

吸塵器刷頭

掃帚

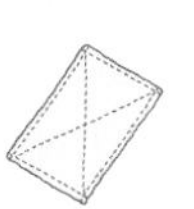
抹布

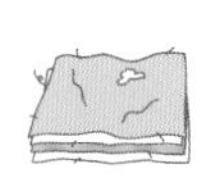
舊布

如果無法使用吸塵器除塵，建議利用刷毛柔軟的掃帚由上而下緩慢輕柔地清除灰塵。

1. 將吸塵器的吸塵管換成刷頭，由上到下吸取紗窗上的灰塵，打掃時務必當心，以免損壞紗窗。
2. 將酒精噴灑於紗窗上，再以兩塊抹布包裹紗窗內側與外側的方式吸取汙垢。

### 如何清除黏膩的汙垢？

紗窗噴上大量的小蘇打粉溶液後，再噴灑檸檬酸溶液，兩者的化學反應所產生的泡沫會深入紗窗網眼，帶走汙垢；先以舊布拭去泡沫之後，再以濕抹布擦拭一遍，如果紗窗無法拆除，請先清潔紗窗後再擦拭窗戶。

# 鋁窗

鋁窗的角落和窗框其實非常容易堆積灰塵與汙垢，因為空間狹小，建議使用小型的刷子和抹布，以便清理。

小蘇打粉水　酒精　小蘇打粉

抹布　功能型抹布　溝邊刷

1 鋁窗四周以噴灑過小蘇打粉溶液（500毫升的水添加兩大匙的小蘇打粉）的抹布拭去汙垢。

2 拭去汙垢之後噴灑酒精，再以乾的功能型抹布擦拭。

3 窗軌撒上小蘇打粉之後，以溝邊刷掃過，最後以擰乾的抹布擦拭。

**【鋁窗四周】**
鋁窗四周噴上小蘇打粉溶液，再以功能型抹布擦拭。

**【窗軌】**
窗框的部分撒上小蘇打粉，以溝邊刷清除汙垢。

**【窗軌】**
最後再以擰乾的抹布拭去小蘇打粉。

# 百葉窗

百葉窗一堆積灰塵，就會讓房間整體顯得骯髒。如果以厚手套代替抹布，打掃百葉窗就再也不是難事喔！

酒精（80%）　功能型抹布　厚手套

1 放下百葉窗，將葉片轉往同一方向。

2 使用乾的功能型抹布簡單擦拭灰塵與汙垢。

3 戴上厚手套後噴灑酒精，仔細擦拭葉片，也以相同方式清潔葉片的另一邊。

4 百葉窗的拉繩也以厚手套上噴灑酒精的方式清潔；以一手抓住拉繩，另一手擦拭拉繩。

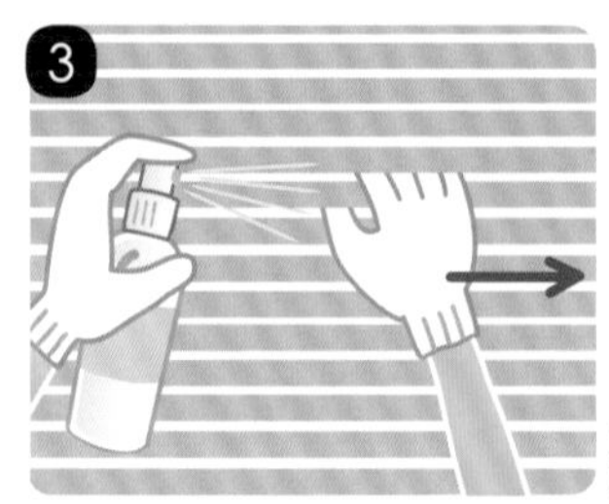


以厚手套代替抹布，清潔百葉窗。

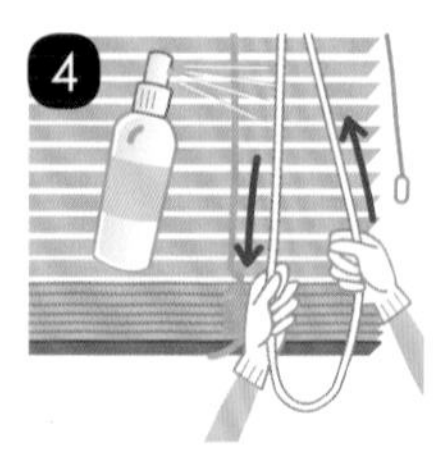


一邊上下拉動繩子，一邊拭除汙垢。

## 窗簾

窗簾容易沾附汙垢與異味，例如：手垢、灰塵與露水所導致的髒汙。將窗簾清洗乾淨，讓家中煥然一新吧！也別忘記一併清潔窗簾掛鉤與窗廉架。

小蘇打粉　純鹼

抹布

1. 拆下窗簾裝入洗衣網，以洗衣機清洗，如果是無法水洗的材質，只要以乾布擦去汙垢。
2. 加入同等分量的小蘇打粉與純鹼，讓洗衣機稍微運轉後放置三十分鐘，最後再清洗一次。

如果窗簾材質細緻，請改以乾擦方式。

## 窗簾掛鉤

窗簾掛鉤是打掃時容易忽略的部分，雖然數量多又細小，但是只要浸泡於小蘇打粉和純鹼的溶液中就能變得乾乾淨淨。

小蘇打粉　水　純鹼

橡膠手套　牙刷

1. 容器中倒入兩公升的水、一小匙小蘇打粉和一小匙純鹼後，輕輕攪拌，再將窗簾掛鉤浸泡於溶液中一至兩小時。
2. 戴上橡皮手套，在容器中刷去掛鉤上的汙垢，再以清水沖洗後晾乾。

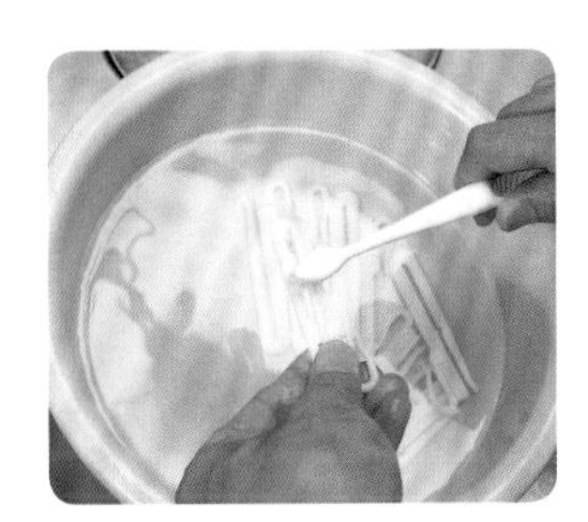

部分具造型的掛鉤，建議使用牙刷較易清理。

## 窗簾軌道

稍一不注意，窗簾架軌道就會沾滿灰塵而變得骯髒，只要以酒精輕輕一噴，就能輕輕鬆鬆地去除汙垢。

酒精（80%）

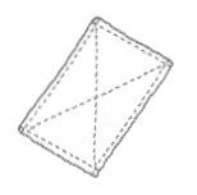

抹布　除塵棒

1. 以乾抹布擦拭窗簾軌道上方的汙垢。
2. 以酒精噴灑於抹布上後，擦拭軌道。

利用靜電原理的細長除塵棒去除灰塵，便於簡單清掃灰塵。

# 牆壁・天花板

牆壁和天花板容易髒汙，卻常常遭到忽略。手垢、灰塵、家中孩童的塗鴉和隨意張貼的貼紙都是弄髒牆壁與天花板的原因，尤其是牆壁與天花板的角落容易堆積汙垢，必須時常清理。

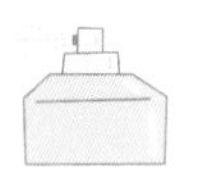
小蘇打粉水

檸檬酸溶液

除塵棒

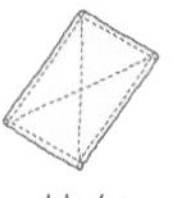
抹布

1 以除塵棒拭去牆壁上的灰塵。

2 以噴灑過小蘇打粉溶液（500毫升的水添加兩大匙小蘇打粉）的抹布擦拭手垢等汙垢。

3 最後以噴灑過檸檬酸溶液（200毫升的水添加半小匙至一小匙的檸檬酸）的抹布擦拭，如果還有黏膩處，請重複此步驟。

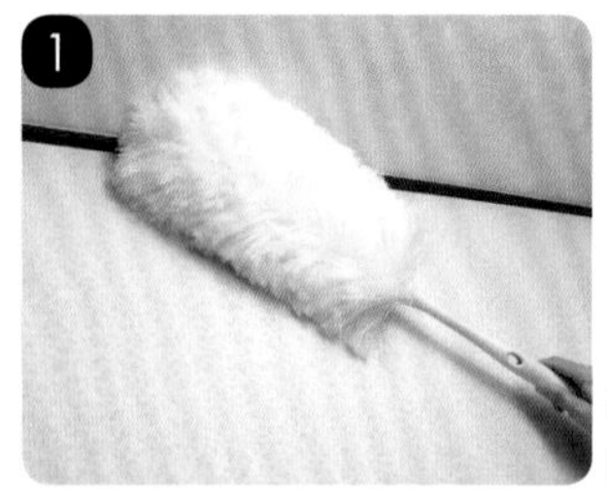
不能水洗的壁紙，以除塵棒拭去灰塵即可。

# 門與周邊

天天開關門，因此門容易沾染手垢，如果直接接觸的門把變得黏膩，使用起來也不舒服，勤快地擦拭才能常保清潔。

小蘇打粉水

檸檬酸溶液

酒精（80%）

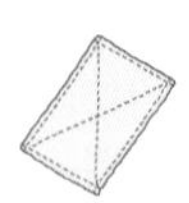
抹布

功能型抹布

1 噴灑小蘇打粉溶液於抹布上，擦拭門扉。

2 於抹布上噴灑檸檬酸溶液噴之後再次擦拭，如果還有黏膩處，請重複此步驟。

3 門把以噴灑過酒精的功能型抹布擦拭，就能恢復光澤。

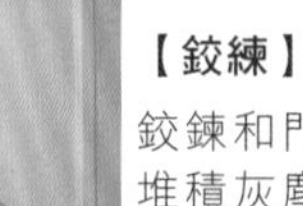
**【鉸鍊】**
鉸鍊和門扉容易堆積灰塵，打掃時可別忘了！

**【門把】**
噴灑酒精後，以抹布擦拭門把。

**【門片】**
避免小蘇打粉殘留，最後以檸檬酸擦拭。

# 木質家具（桌＆椅）

木質家具容易因為灰塵、手垢、食物殘渣而堆積髒汙，可以使用小蘇打粉搭配檸檬酸進行清潔。

工具

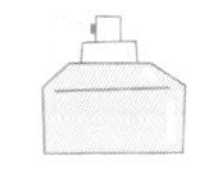

小蘇打粉水

檸檬酸溶液

功能型抹布

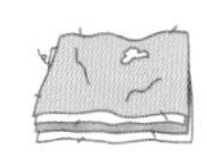

舊布

1. 於桌面噴灑小蘇打粉溶液。
   ※原木或實木等細緻的素材不適合使用小蘇打粉清潔，乾擦即可。
2. 以功能型抹布拭去汙垢。
3. 將功能型抹布噴灑檸檬酸溶液後擦拭。
4. 將抹布噴灑小蘇打粉溶液後擦拭桌子內側，再噴灑檸檬酸溶液擦拭乾淨。

桌子內側其實容易因為手垢或食物殘渣而留有髒汙。

於頑強的汙垢上放置浸泡過小蘇打粉溶液的舊布，等到汙垢剝落之後再擦乾。



# 沙發

沙發因為每天使用，容易在不知不覺中累積汙垢，應當依據沙發的材質決定打掃的工具，才能事半功倍（皮革沙發不適用此清潔方式）。

工具

小蘇打粉

精油小蘇打粉

刷子

1. 拆下所有可以拆除的附屬零件，以吸塵器清潔整座沙發。
2. 將小蘇打粉撒於沙發上，再以刷毛軟硬適中的刷子將小蘇打粉刷至沙發四處，包括沙發背後；刷開時粉末時避免過度用力，以防損壞沙發。
3. 沙發套的縫隙可使用細長的刷子或以布包裹免洗筷清潔，利用小蘇打粉吸附深處的汙垢。
4. 靜置三十分鐘之後，以吸塵器吸去小蘇打粉。

使用精油小蘇打粉可以在打掃時與打掃後帶來一抹清香。但細緻或淺色的材質可能會因此掉色，請斟酌使用。

# 空調・空氣清淨機

清理空調與空氣清淨機的重點在於濾網，骯髒的濾網不僅會造成異味，還會將黴菌與細菌遍佈家中，請隨時保持整潔。

小蘇打粉　酒精（50%或35%）

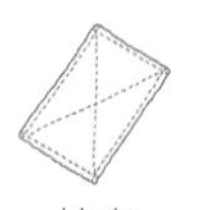

吸塵器刷頭　海綿　除塵棒　抹布　牙刷

1. 拆下濾網，將吸塵器吸頭換為刷頭，吸取灰塵。
2. 以濡濕的海綿沾取小蘇打粉，清洗濾網。
3. 沖洗乾淨之後陰乾，待完全乾燥之後噴灑酒精。
4. 排氣口以除塵棒清除灰塵。
5. 再以噴灑酒精之抹布，擦拭機器整體的外部。
6. 以噴灑酒精之抹布擦拭濾網部分。

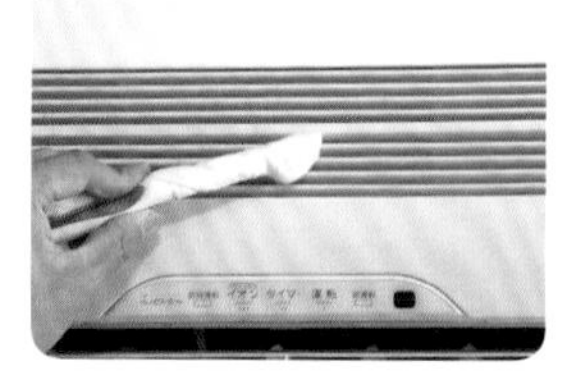

細部以牙刷包布清潔。

# 電風扇

電風扇的葉片特別容易堆積灰塵，至少應該每個月使用小蘇打粉清潔一次。換季收納之前也必須先清理乾淨。

小蘇打粉　酒精（35%）

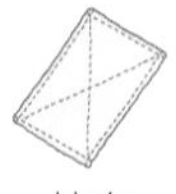

海綿　抹布

1. 拆下電風扇蓋與葉片，以吸塵器吸去灰塵。
2. 以濡濕的海綿沾取小蘇打粉，刷洗葉片，沖洗乾淨之後，拭去水分。
3. 以噴灑酒精之抹布擦拭蓋子、電風扇整體與電線。

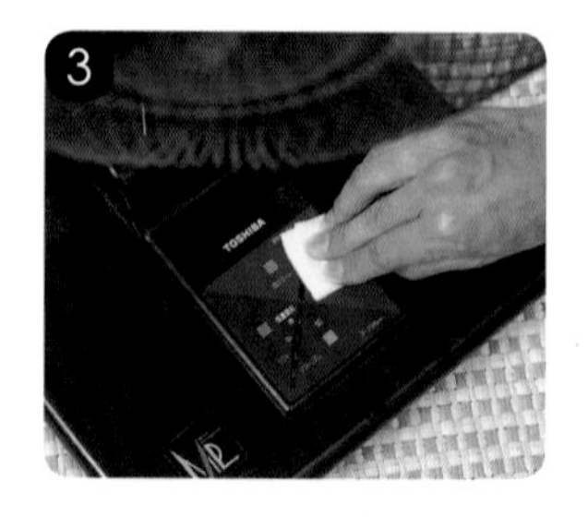



也別忘記擦拭電線、遙控器和開關。

# 除濕機

負責吸收濕氣的除濕機若是不仔細打掃，就會淪為黴菌或細菌的溫床。清理時以水箱為重點，請多多利用小蘇打粉和酒精清潔。

小蘇打粉

酒精（50%和35%）

海綿

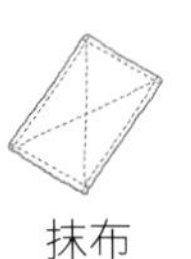

抹布

1. 倒淨水箱中的廢水，以濡濕的海綿沾取小蘇打粉刷洗。
2. 仔細沖洗，避免小蘇打粉殘留。
3. 水箱乾燥之後，噴灑50%的酒精。
   ※為了避免黴菌孳生，請於水箱完全乾燥之後再噴灑酒精殺菌。
4. 抹布噴灑35%的酒精之後，擦拭除濕機本體與電線。

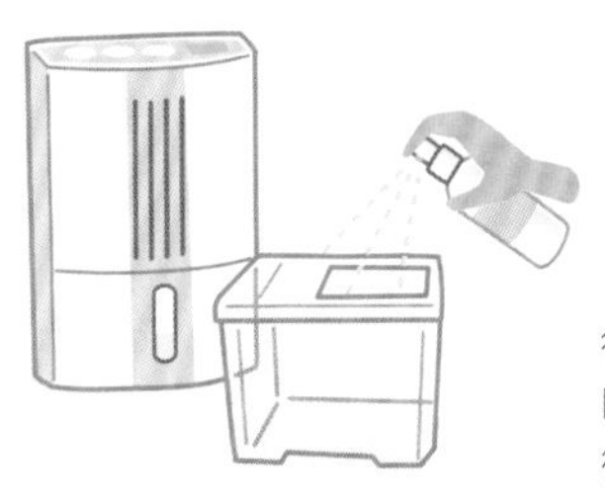

待水箱完全乾燥之後再噴灑酒精，就可以避免黴菌孳生。

# 加濕器

加濕器容易成為黴菌與細菌的溫床。附著於水箱與出水口的水垢應當利用小蘇打粉、檸檬酸和酒精仔細清理。

小蘇打粉

檸檬酸

酒精（35%）

海綿

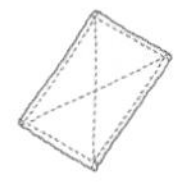

抹布

1. 拆下水箱，以濡濕的海綿沾取小蘇打粉清洗水箱外側。
2. 裝水至水箱高度三分之一處，添加四分之一小匙的檸檬酸，蓋上蓋子後用力搖晃。
3. 清洗乾淨水箱之後擦乾，加入五大匙酒精，再次用力搖晃水箱之後，徹底晾乾。
4. 以噴灑酒精之抹布擦拭加濕器外殼與電線。

## 燈具

只要稍微不留意，燈罩和燈泡就會堆積一堆灰塵，不僅有礙觀瞻，還會影響照度，所以需要時時清潔。

酒精（80%）

小蘇打粉

功能型抹布

海綿

棉花棒

1. 將螢光燈與燈泡拆下，記得拆取之前請先確認是否可以直接以手碰觸，拆下後放置於安全、穩固地點。
2. 以不易起毛的功能型抹布沾取少許酒精，輕輕擦拭螢光燈與燈泡，請留心不要打破了。
3. 燈罩與開關請以步驟2的方式清潔。
4. 如果燈罩可以拆下水洗，以濡濕的海綿沾取小蘇打粉刷洗後，以水沖洗後擦乾。

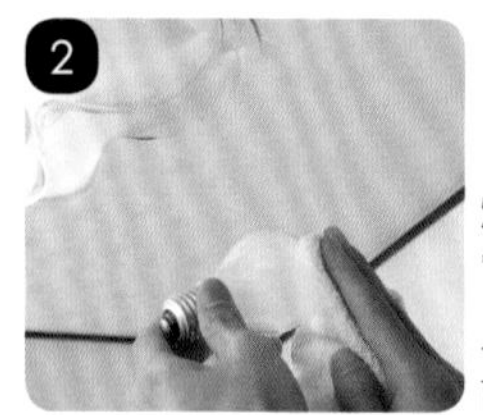

燈泡容易因為靜電而沾染灰塵，只需擦拭乾淨就能增加照明度。

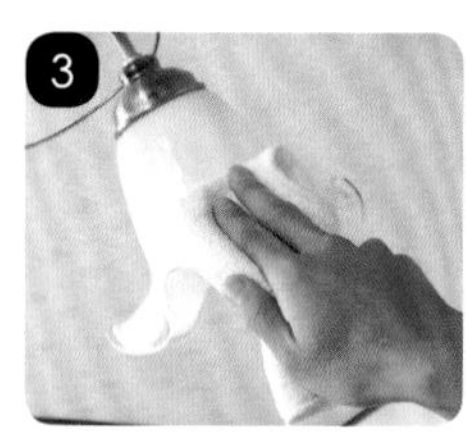

使用酒精擦拭燈罩，家電製品建議使用無水酒精清潔，安心又方便。

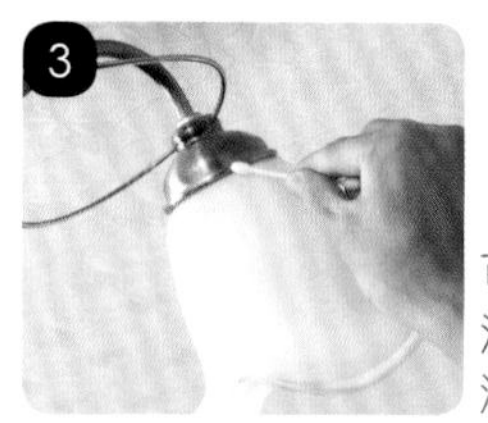

可以使用沾取過酒精的棉花棒清潔燈罩細部。

## 暖桌

暖桌是冬天的必備品，卻容易堆積灰塵，請以小蘇打粉溶液和檸檬酸溶液仔細清潔灰塵，避免引起故障。

檸檬酸溶液

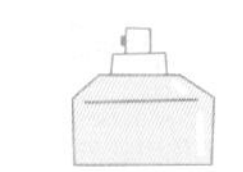
小蘇打粉溶液

刷子

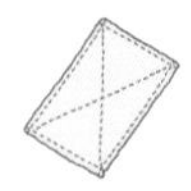
抹布

功能型抹布

1. 以刷子清理加熱器上的灰塵，如有需要，請以吸塵器加強。
2. 將抹布噴灑檸檬酸溶液之後，擦拭暖桌整體。
3. 暖桌的桌面以噴灑過小蘇打粉溶液的抹布擦拭之後，再以噴灑過檸檬酸溶液的功能型抹布擦拭。

桌面內側的加熱器其實非常容易堆積灰塵，請以刷子或吸塵器清理。

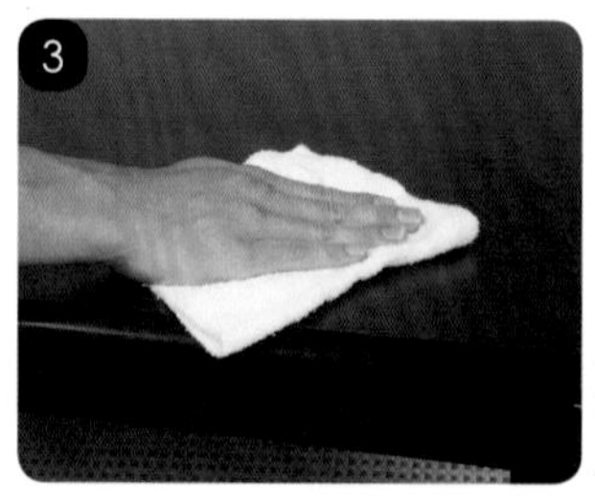

最後以檸檬酸溶液擦拭暖桌的桌面，避免小蘇打粉殘留。

# 葉片式暖氣

葉片式暖氣之類的加熱器容易沾染濕氣和灰塵，稍不清理就會成為黴菌的溫床。

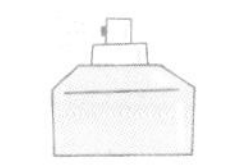
小蘇打粉水

酒精（50%）

抹布

牙刷

1. 倘若濾網可以水洗，拆下濾網浸泡小蘇打粉溶液之後輕輕搓揉。
2. 沖洗乾淨濾網之後，以乾抹布拭去水分。
3. 進風口與送風口先以噴灑過酒精的牙刷或將免洗筷包布進行清潔，再以抹布拭去汙垢，最後再以清水擦拭。

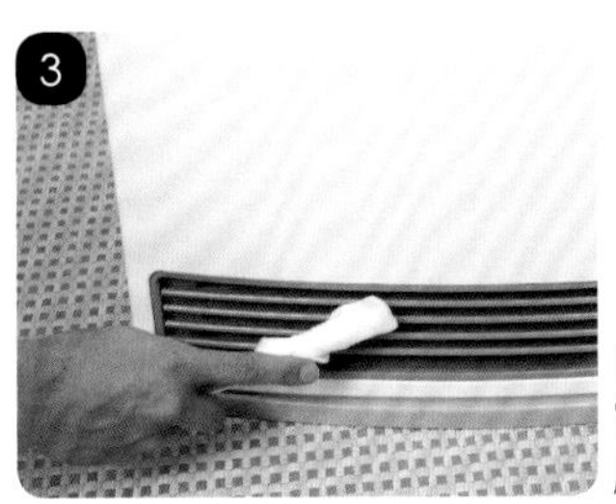
出風口、機器外殼、電線與開關部分的灰塵都必須徹底清除。

酒精可能會造成暖氣機的塗料剝落，請先在不起眼處試擦。

# 其他家電用品

電視、電話和時鐘……客廳常見的家電用品，基本上使用酒精清潔即可。

酒精（80%）

功能型抹布

1. 將柔軟的功能型抹布噴灑酒精之後，溫柔地擦拭容易損傷的細處。
2. 電線也容易堆積灰塵，可以棉布沾取酒精擦拭。

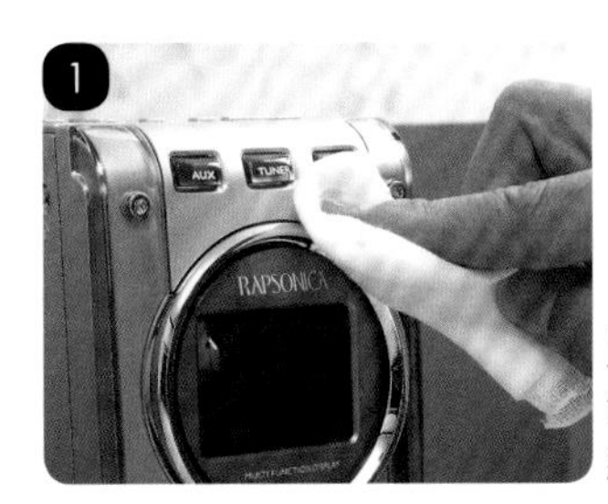

以功能型抹布擦拭按鈕、開關四周和電線。

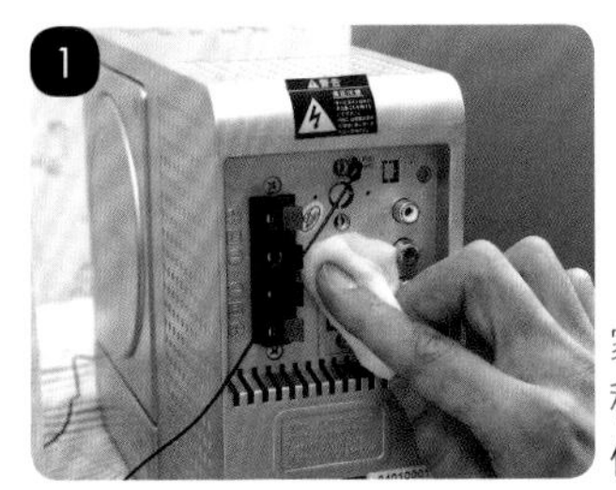
家電的背面也容易堆積灰塵與汙垢，必須仔細擦拭。

# 床

棉絮、頭髮、睡眠中流下的汗水和皮脂都會汙染床單，孳生塵蟎，想要消除塵蟎，平常就應該定時清潔床單和床罩，每逢換季還必須清潔床墊。

小蘇打粉　純鹼　精油小蘇打粉

刷子　掃帚

1. 拆下床單和床罩，以洗衣機清洗，洗潔劑為分量相同（比例為1：1）的小蘇打粉和純鹼。
2. 拆下床墊，以刷子或掃帚掃去灰塵。
3. 將精油小蘇打粉撒於床墊後，以刷子刷開以吸附汙垢。
4. 以吸塵器吸去精油小蘇打粉，另一面的床墊也以步驟3至4的方式清理。
5. 將床墊立於床板上風乾。

4 小蘇打粉能夠吸附汙垢，因此吸塵器吸取小蘇打粉的同時也會帶走汙垢。

# 衣櫃

衣櫃裡總是塞滿衣服而難以清理，換季時是最適合打掃的時機喔！

酒精（50%）

除塵棒　抹布

1. 將衣櫃中所有物品搬出。
2. 以除塵棒由上而下清除灰塵，落下的灰塵則以吸塵器清理。
3. 以抹布擦拭衣櫃內外。
4. 於衣櫃內噴灑酒精，待至完全乾燥之後，再放回衣物。

4 衣櫃內噴灑酒精可抑制異味，請務必等到完全乾燥才能收納衣物。

# 抽屜・收納櫃

抽屜和收納櫃容易堆積灰塵和產生異味，但是只要有小蘇打粉和酒精就能輕鬆解決了。

小蘇打粉　酒精（50%）

1. 拿出抽屜和收納櫃中所有物品，倒入小蘇打粉後搖晃均勻，吸附汙垢。
2. 倒出所有小蘇打粉，並以吸塵器吸取乾淨。
3. 噴灑酒精，待完全乾燥之後再放回所有物品。

搖晃抽屜，讓小蘇打粉吸附汙垢，再以吸塵器吸除。

# 錶帶

表面經過處理的金屬錶帶容易沾染汗水與皮脂，可以小蘇打粉溶液定期清理。

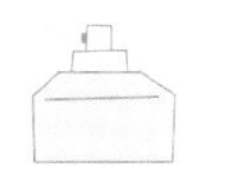

小蘇打粉溶液　牙刷　功能型抹布

1. 以柔軟的牙刷刷去錶帶上的汙垢。
2. 將功能型抹布擦噴灑小蘇打粉溶液之後，擦拭錶帶汙垢。
3. 以乾的功能型抹布擦拭，避免小蘇打粉殘留。
※不可水洗的材質不適用此清潔方式。

錶帶容易因為汗水與皮脂而髒汙，必須仔細清理。

# 眼鏡

鏡片和鏡框容易因為手垢和臉部分泌的皮脂而髒汙，必須時常清理。清潔時也別忘了鼻墊和接縫喔！

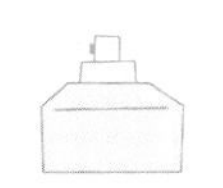

小蘇打粉水　功能型抹布

1. 將眼鏡浸泡於小蘇打粉溶液中，以指尖輕輕搓洗鏡片。
2. 鼻墊和接縫等細部以指尖搓洗。
3. 沖洗乾淨後，以眼鏡布拭去水分。
※如果鏡框材質細緻，乾擦即可。

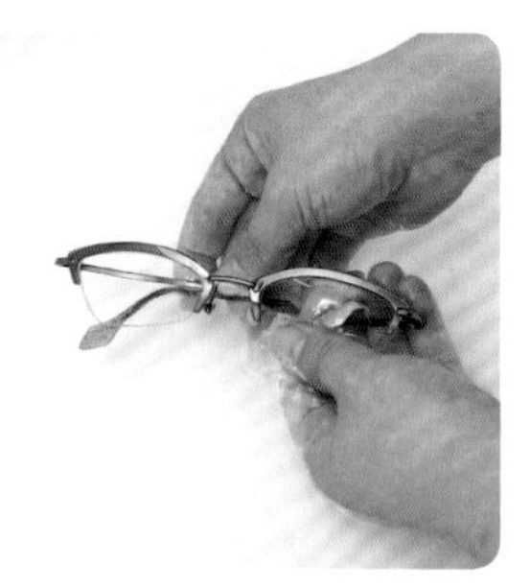

為了避免刮傷，應以手指小心搓洗。

## 菸灰缸

很多人誤以為菸灰缸裡裝水較容易清理，卻忽略了菸蒂泡在水裡所引起的異味，為了抑止令人不快的異味，可使用小蘇打粉清理。

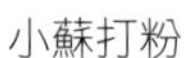
小蘇打粉

刷子

1. 將菸灰缸中的菸蒂清除，倒入小蘇打粉。
2. 輕輕刷洗菸灰缸並以小蘇打粉吸附菸灰。
3. 小蘇打粉變黑即可倒入垃圾桶，添加少許水之後刷洗，最後以水沖洗乾淨即可。

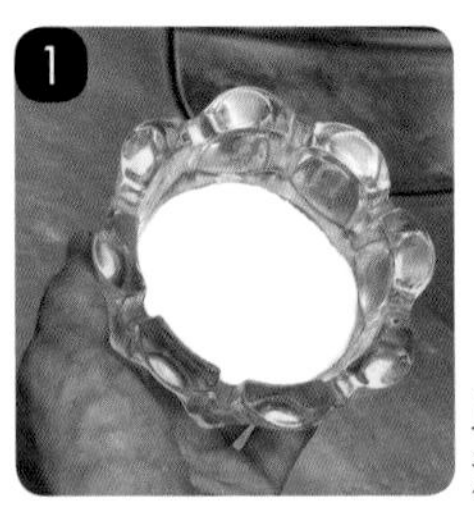
以小蘇打粉吸附汙垢與異味。

刷洗汙垢。

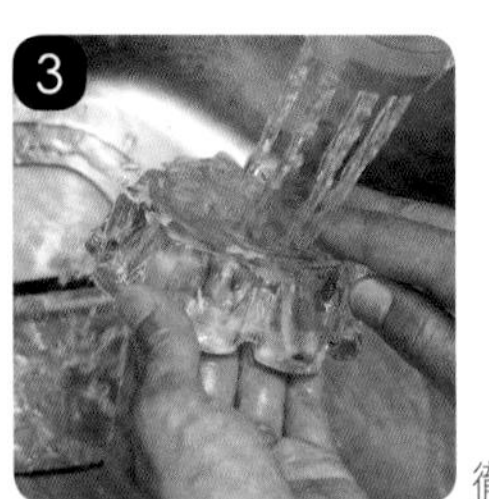
徹底沖洗乾淨。

## 花瓶

花瓶常保整潔搭配美麗的花朵心情更佳，特別是水垢，長期置之不理會更難清理。

小蘇打粉　檸檬酸溶液　海綿

1. 以濡濕的海綿沾取小蘇打粉，刷洗汙垢。
2. 如果步驟1無法清除汙垢，將花瓶浸泡於檸檬酸溶液中，數小時之後再以水沖洗，就能煥然一新。
   ※檸檬酸可能會造成某些材質的損傷，請避免使用於細緻的材質。

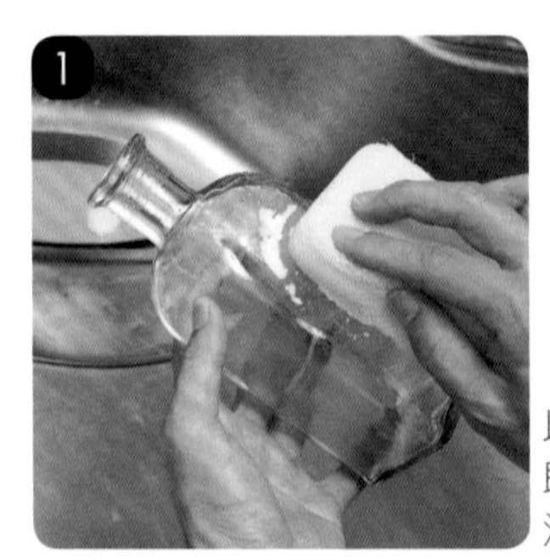
【外側】
以小蘇打粉刷洗肉眼即可發現的汙垢，再沖洗乾淨。

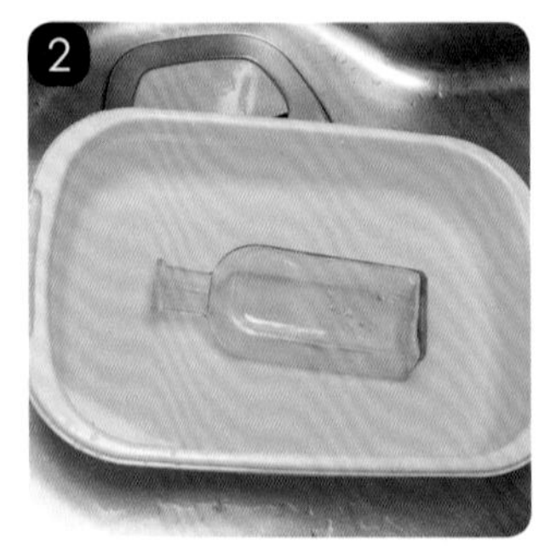
【內側】
浸泡於檸檬酸溶液中，可以清除頑強的汙垢，並清潔花瓶內側。

## 電視

電視機會產生靜電，所以容易吸附大量灰塵而變得骯髒，只要是時常以小蘇打粉溶液清理，就能常保清潔。

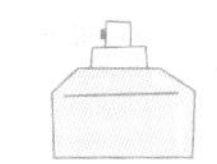

小蘇打粉水　酒精（80%）

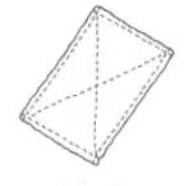

抹布　功能型抹布

1 將抹布沾取小蘇打粉溶液、擰乾之後，擦拭電視機側面與上方的汙垢。

2 將功能型抹布噴灑酒精之後擦拭電視螢幕、開關四周和容易堆積灰塵的端子四周。

以抹布沾取小蘇打粉溶液後擦拭電視的側面和上方。

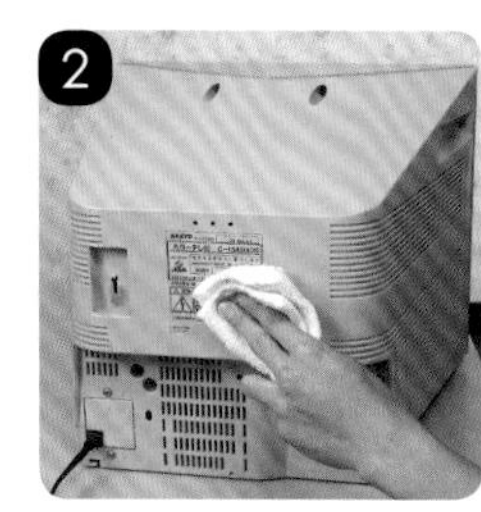

背面的端子四周也容易藏汙納垢，別忘了一併擦拭喔！

電視螢幕容易刮傷，請以酒精代替小蘇打粉進行清理。



## 電腦

使用電腦時最常接觸的部分就是鍵盤，也因此容易堆積手垢，只要以酒精擦拭，就能輕鬆去除。

酒精（80%）

功能型抹布　棉花棒

1 將功能型抹布上噴灑酒精。

2 以功能型抹布輕輕擦拭髒汙的部分。

3 將棉花棒噴灑酒精之後清理鍵盤等細部。
※螢幕的清潔方式請參考說明書，以免刮傷螢幕或造成損傷。

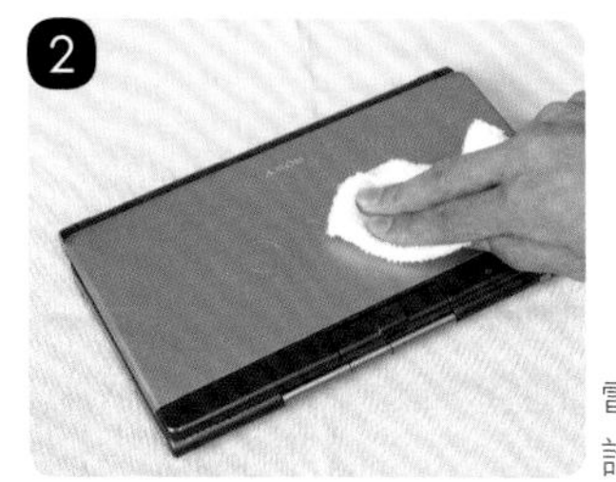

電腦外側容易刮傷，請輕輕擦拭即可。

以棉花棒沾取酒精，清理鍵盤。

# 浴室・廁所・洗衣

天天必須使用的浴室和廁所，格外容易髒汙；如果不勤於清理，容易孳生黴菌並產生異味，為了在使用時能放鬆心情，一定要常保清潔。

## 浴室和廁所的汙垢

浴室和廁所因為有水分，容易孳生黴菌和產生異味；只要善用小蘇打粉和檸檬酸，勤快地打掃就能解決。

洗手檯的鏡面、牆壁、門扇

### 霧狀汙垢

水垢和皂垢附著時，會使鏡面、牆壁和門扇失去光澤，只要噴灑小蘇打粉溶液或檸檬酸溶液，再以舊布或海綿刷洗就能清潔溜溜！

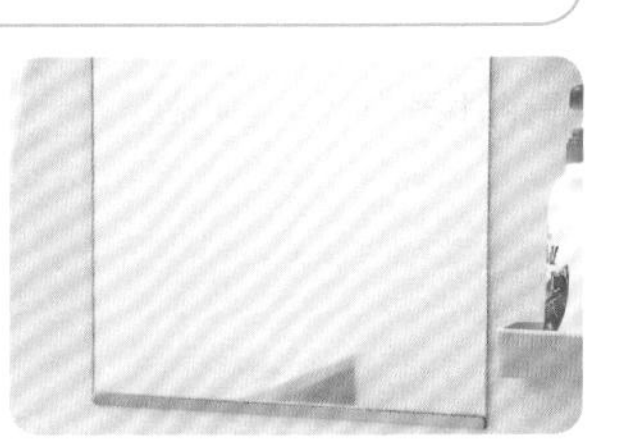

浴缸

### 水垢

想要好好享受沐浴時間，就必須藉助小蘇打粉清理附著於浴缸的水垢和皮脂。但檜木和大理石浴缸則不可以使用小蘇打粉清理。

排水孔等等

### 黏滑的汙垢

浴室的排水孔容易阻塞水垢和毛髮，變得黏滑；只要撒上小蘇打粉和檸檬酸，兩者所產生的泡沫就能帶走汙垢。

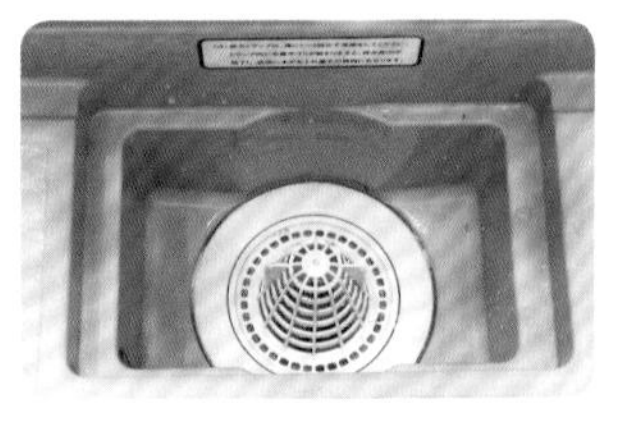

馬桶

### 尿漬

小蘇打粉因為具備研磨的效果，對於消滅頑強的尿漬和黑色汙漬非常有效。只要在汙垢上撒上大量的小蘇打粉，以馬桶刷仔細刷洗，再以水沖洗即可。

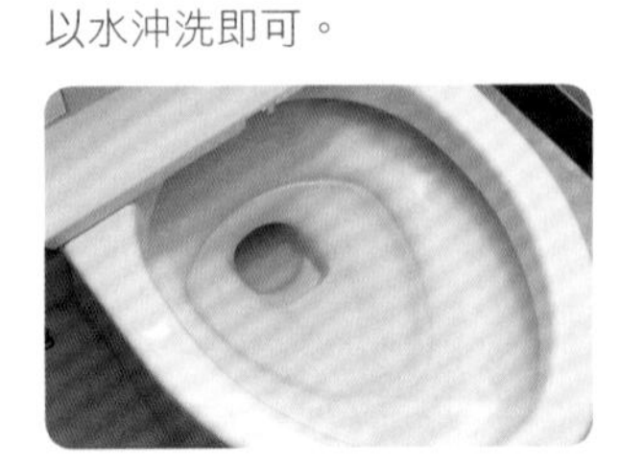

馬桶外側和廁所的地板

### 異味

廁所出現異味的主因多半是馬桶外側或地板沾染噴濺的尿液，只要噴灑檸檬酸溶液後再以舊布或紙巾擦拭即可。

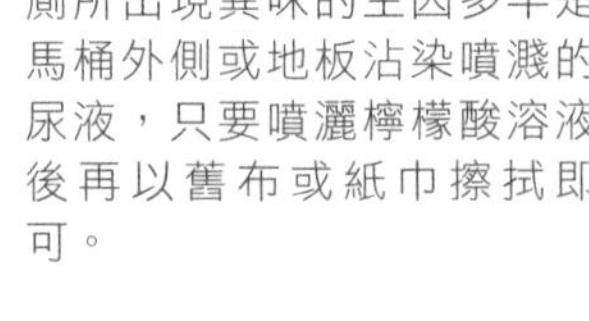

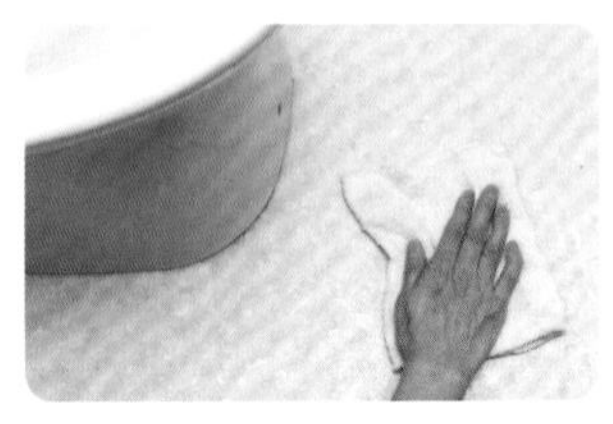

# 浴缸

浴缸髒汙的原因很多，例如：水垢、皂垢、排水孔的黏滑汙垢和黑色汙漬，因此打掃浴缸也格外辛苦，但只要使用天然素材，頑強的汙垢也能輕鬆消除！

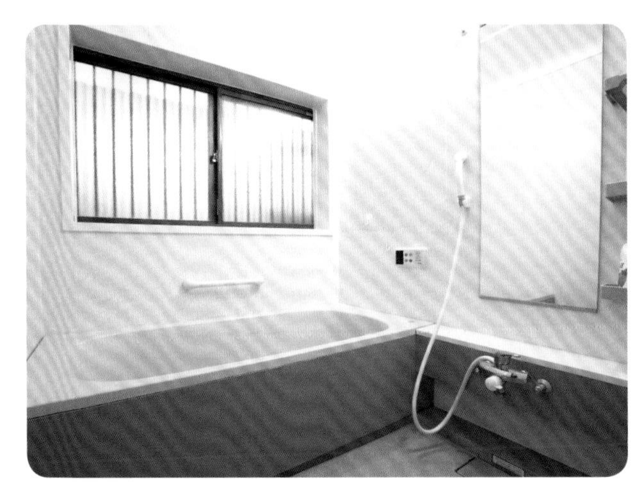

精油小蘇打粉非常適合清理浴室和廁所等處，舒適的入浴時光建立在清潔的浴室環境，天然素材的清潔劑也對身體無害。建議每天使用天然素材勤打掃，搭配使用喜好的精油香氛，就能創造清新的居家環境。

工具

精油小蘇打粉

檸檬酸溶液

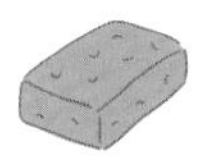

海綿

1 放掉浴缸中的洗澡水，趁水乾掉之前，以海綿沾取小蘇打粉刷洗汙垢。

2 沖洗乾淨浴缸，如果還有未清除的髒汙，清重複步驟 1 。
※ 以手掌心撫摸浴缸，確認有無粗糙部分，務必清潔至浴缸整體光滑的程度。

3 如果是附有加熱洗澡水功能的浴缸，請拆下濾網。（譯註：日本有些浴缸附設加熱功能，洗澡水涼了之後可以再度加熱）

4 將海綿沾取精油小蘇打粉，輕輕刷洗濾網。

5 浴缸外側也需要刷洗。

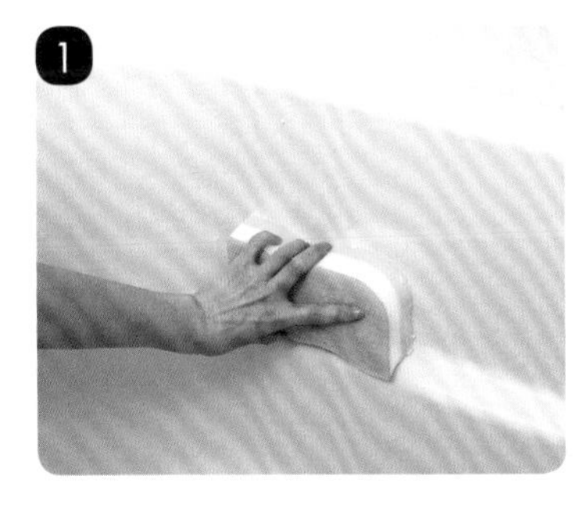

浴缸一乾燥，水垢也會隨之凝結，所以務必趁浴缸還濕的時候刷洗；挑選刷洗浴缸用的海綿時，必須注意是否會刮傷浴缸。

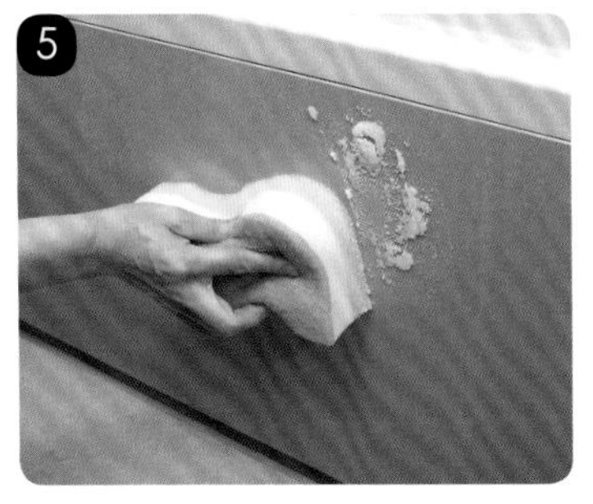

以海綿沾取小蘇打粉刷洗浴缸外側。

## Q 如何清除附著於浴缸的皂垢和水垢？

A 將舊布或紙巾鋪設於難以清除的部分，噴灑大量的檸檬酸溶液，靜置三十分鐘之後，汙垢就會被檸檬酸分解，待汙垢溶解之後，以水沖洗乾淨。但長期累積的汙垢可能不會馬上脫落，重複幾次清理步驟就會剝落了。

# 水龍頭・蓮蓬頭四周

看到亮晶晶的水龍頭，就會覺得整體非常整潔，善用小蘇打粉的特性，仔細地打掃吧！

小蘇打粉

檸檬酸

海綿

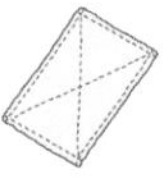
抹布

牙刷

1. 以濡濕的海綿沾取小蘇打粉，刷洗水龍頭的汙垢。
2. 沖洗小蘇打粉之後，以抹布乾擦。
3. 以牙刷沾取小蘇打粉刷洗水龍頭周圍細部處，清除縫隙中的汙垢。
4. 蓮蓬頭的清潔方法與步驟3相同。

水龍頭四周容易沾染汙垢，必須勤快且仔細地清潔。

### 如何清除水垢和氯的結晶？

水垢和氯的結晶很顯眼，將加水調配成泥狀的檸檬酸塗抹於水垢處，以牙刷刷洗之後放置一會兒，汙垢融化之後沖洗乾淨，再以乾抹布擦拭即可。

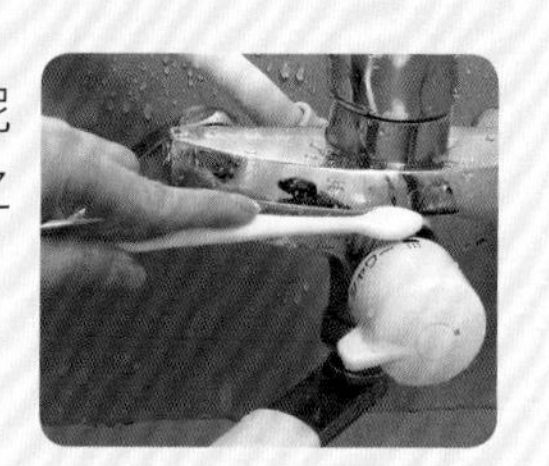

# 磁磚

以小蘇打粉和酒精清理磁磚的縫隙，就不會孳生黑色的黴菌。但平時也要注意是否通風良好喔！

小蘇打粉

酒精（80%）

牙刷

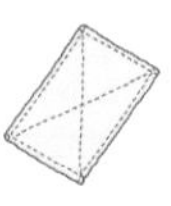
抹布

1. 以濡濕的牙刷沾取小蘇打粉，輕輕刷洗磁磚和縫隙中的汙垢。
2. 沖洗乾淨之後，以抹布拭去水分。
3. 於整面磁磚噴灑酒精，防止黴菌孳生。

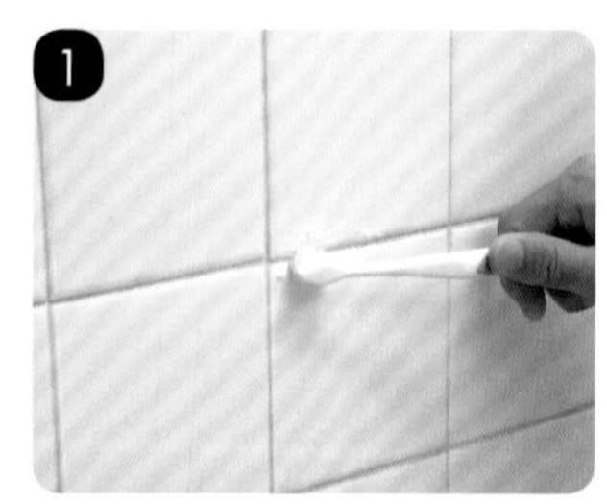

以牙刷沾取小蘇打粉，刷洗磁磚縫隙中的汙垢。

### 如何清理磁磚縫隙中的黑色汙漬？

就算使用小蘇打粉和純鹼，也很難清除根深蒂固的黴菌，這種時候應當使用專門清除黴菌的清潔劑，之後再以小蘇打粉和酒精頻繁清理，便可抑制黴菌孳生。

# 浴室用品（凳子・洗臉盆）

浴室的凳子、皂架和洗髮精瓶罐……容易沾染黏滑的汙垢，必須常常清理。

工具

小蘇打粉

海綿

1 利用浴缸裡剩下的洗澡水（可以先放掉一些），撒入大量小蘇打粉調配成小蘇打粉溶液，將欲清潔的物品全部浸泡於浴缸內。

2 以海綿刷洗細部，以水沖洗乾淨之後晾乾。
※ 汙垢難以清除時，請直接撒上小蘇打粉刷洗。

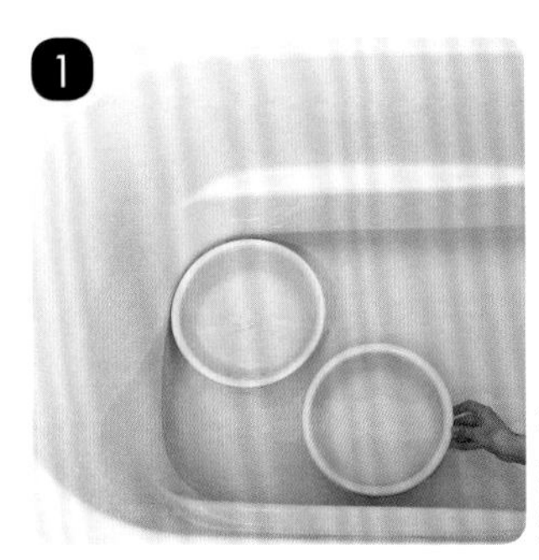
在浴缸中的洗澡水（先放掉一些）加入小蘇打粉，浸泡需要清洗的物品。

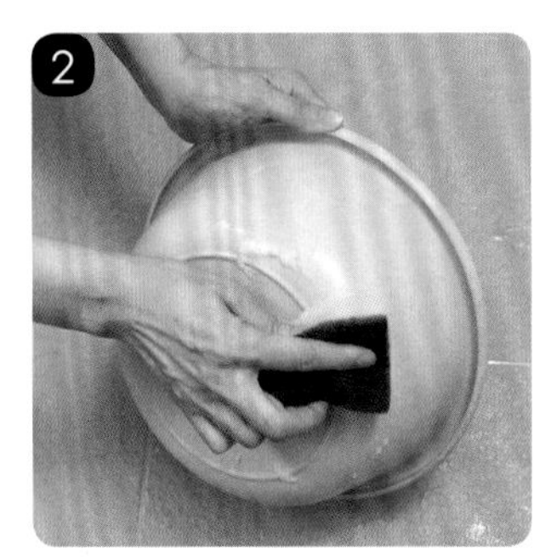
以海綿刷洗細部。

# 洗手檯

洗手檯因為是天天洗臉和洗手的地點，常保清潔才能使用得開心愉快，多利用小蘇打粉和檸檬酸，就能清除附著的水垢和皂垢。

工具

小蘇打粉

檸檬酸

海綿

牙刷

功能型抹布

報紙

1 簡單沖洗洗手檯水槽的部分，再以海綿沾取小蘇打粉刷洗汙垢。

2 以牙刷刷洗排水孔內部的汙垢，再沖洗乾淨。

3 以濡濕的海綿沾取小蘇打粉刷洗鏡面，由上而下清除汙垢。

4 鏡面倘若有頑強汙垢，刷洗之後先放置一會兒。

5 鏡面沖洗乾淨之後，以功能型抹布拭去水分。若有小蘇打粉無法清除的汙垢，再以檸檬酸刷洗，並以水沖洗乾淨。

除了使用小蘇打粉清理鏡面之外，搓揉報紙擦拭濡濕的鏡面之後以乾布拭去水分，也能恢復原本亮晶晶的模樣。另外，擦拭過後的報紙可以撕成碎片撒在玄關或榻榻米上，以便吸附灰塵。

# 廁所

廁所因為每天使用，難免會沾染汙垢。打掃的重點在於一有髒汙，隨手清除。廁所的異味可以使用精油和酒精消除。

## 馬桶

工具

精油小蘇打粉　檸檬酸溶液　馬桶刷　牙刷

1. 於馬桶內側遍撒精油小蘇打粉，放置一會兒。
2. 以馬桶刷刷洗馬桶汙垢。
3. 以小型馬桶刷和牙刷刷洗馬桶的邊緣和內側。
4. 按下沖水鈕，沖洗乾淨。

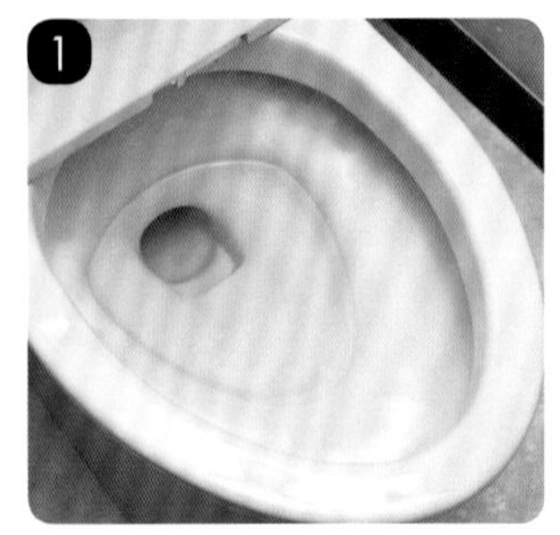

於馬桶內側遍撒精油小蘇打粉，放置一會兒，精油小蘇打粉如果滑落水面，沖掉之後再撒一次。

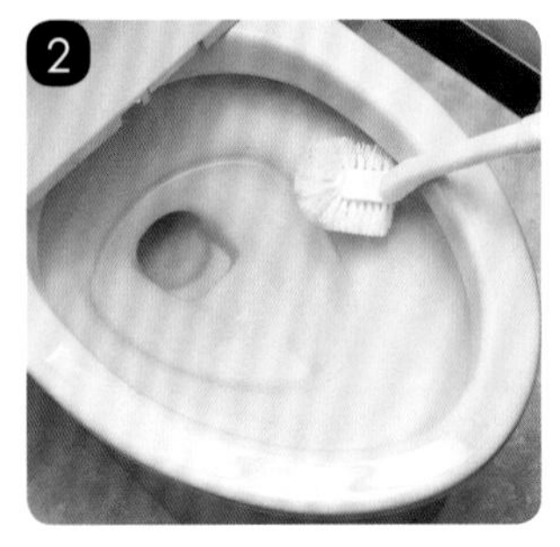

以馬桶刷刷洗馬桶內側的汙垢時，別忘了一併清理容易堆積汙垢的排水孔附近。

**Q** 如何清除頑強的汙垢？

**A** 長年累月的汙垢，需要毅力才能清除。以小蘇打粉清洗之後，稍微降低馬桶的水位，將加了一點水的檸檬酸塗抹於汙垢處，放置數小時之後以馬桶刷刷洗，最後在馬桶內撒上小蘇打粉，等到小蘇打粉與檸檬酸起泡之後再以馬桶刷刷洗一次，放置一會兒後按沖水鈕沖洗。如果尚有殘留的頑強汙垢，只要重覆以上步驟即可。

## 馬桶蓋

精油酒精(80%)

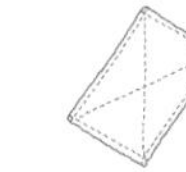
抹布

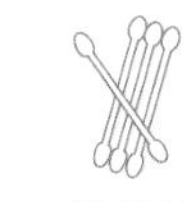
棉花棒

1 將抹布噴灑精油酒精之後，擦拭馬桶蓋的汙垢。

2 以棉花棒沾濕精油酒精之後，清理馬桶和馬桶蓋連接處。

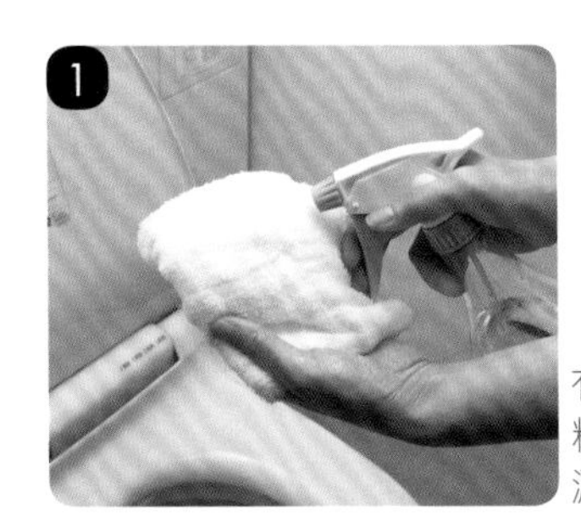
有些馬桶蓋材質不適合以酒精清理，所以務必將酒精噴灑於抹布後使用。

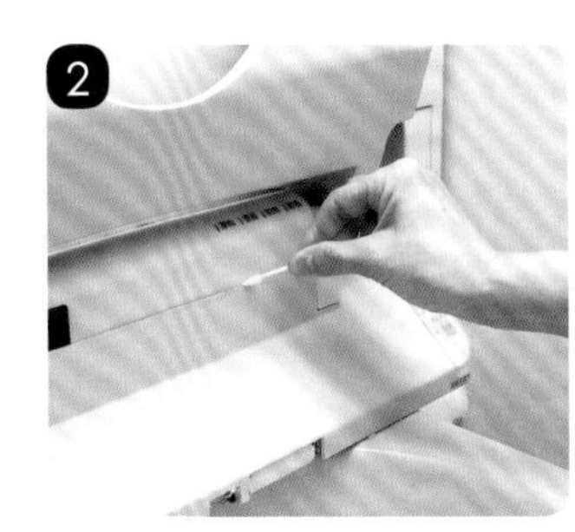
馬桶蓋和馬桶連接處容易藏汙納垢，可以棉花棒清除縫隙。

## 馬桶四周

檸檬酸溶液

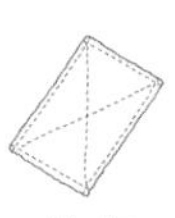
抹布

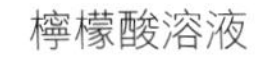

1 於馬桶四周噴灑檸檬酸溶液之後，以抹布擦拭。

2 馬桶和地板接觸的部分容易沾染尿液發出異味，必須以檸檬酸溶液仔細擦拭，並擦乾淨地板，才不會產生異味。

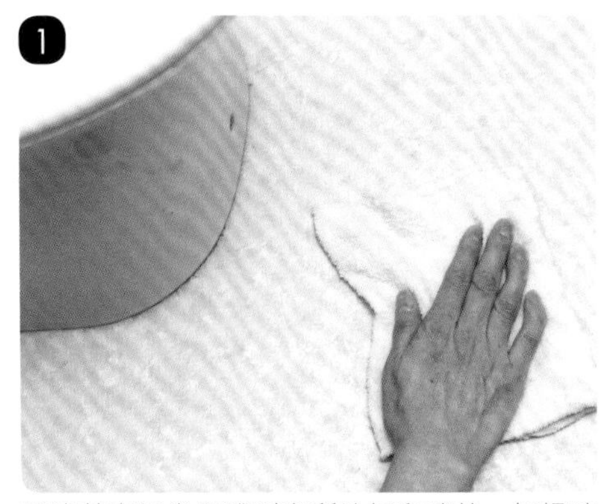
尿液其實經常飛濺到廁所地板和踏墊，打掃時別忘了仔細清理。

### 如何打掃廁所？

打掃廁所的時候，最好使用白色的薄抹布，才能看出汙垢消失的程度。清理時，必須徹底擦拭至抹布不再變色，如果不想使用抹布，也可以廚房衛生紙代替。

# 洗衣機

洗衣槽內容易附著黑色黴菌、水垢和洗衣粉所造成的汙垢，使用骯髒的洗衣機清洗衣服，完全無法達到清潔的目的。建議定時以小蘇打粉溶液和酒精清理洗衣機外側，並以小蘇打粉和純鹼清潔洗衣槽。

工具

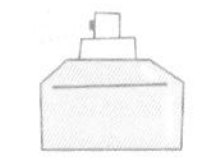
小蘇打粉溶液

小蘇打粉

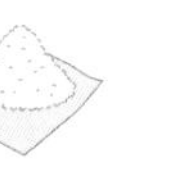
純鹼

酒精（80%）

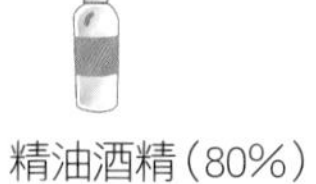
精油酒精（80%）

牙刷

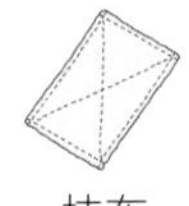
抹布

1. 先將濾網拆除，於濾網口、洗衣粉盒和柔軟精盒噴灑小蘇打粉溶液。
2. 以牙刷刷洗頑強的汙垢。
3. 刷洗之後，徹底沖洗。
4. 洗衣槽中放水至高水位（可利用剩餘的泡澡水），加入半杯小蘇打粉和純鹼，以一般洗衣模式進行清潔。
5. 將抹布噴灑小蘇打粉溶液或酒精之後，擦拭洗衣機機體。
6. 抹布噴灑酒精之後，擦拭電線和水管。

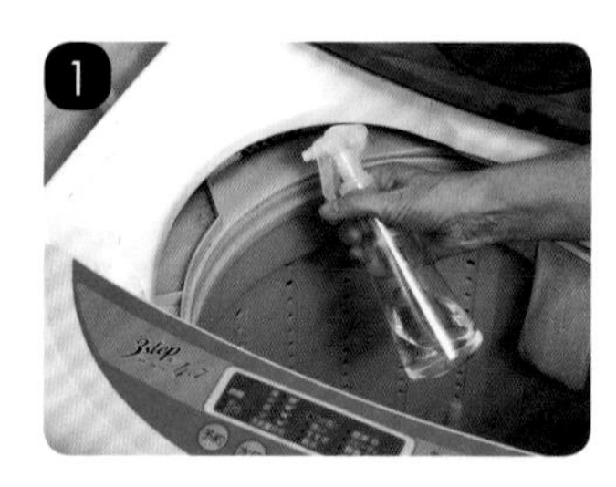
拆除濾網，於濾網口、洗衣粉盒和柔軟精盒噴灑小蘇打粉溶液。

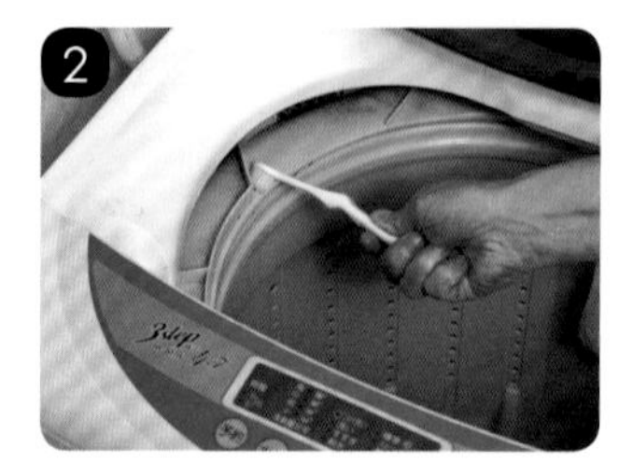
以牙刷刷洗洗衣粉盒與柔軟精盒。

**Q 如何清除洗衣槽中的異味？**

**A** 洗衣槽如果長期處於潮濕的狀態，容易孳生黴菌而產生惡臭，使用洗衣機之後，務必打開洗衣蓋以風乾洗衣槽，如此一來便能抑制異味的產生與黴菌的孳生。此外，噴灑精油酒精也能抑制惡臭。

# 洗衣

內衣、襯衫和毛巾等每天洗滌的衣物，其實不需要使用洗淨效力強大的洗衣粉，對環境無害的小蘇打粉就能達到清潔的效果。清潔直接接觸肌膚的衣物，一定要使用對肌膚溫和的素材來清洗喔！

## T恤

小蘇打粉

1. 洗衣機中放入溫水，加入一杯小蘇打粉。
2. 按下洗衣機開關，以便攪拌溶化小蘇打粉。
3. 添加洗衣劑，徹底溶化之後，放入衣物，依照一般方式清洗。

## 襯衫

小蘇打粉

牙刷

1. 於襯衫領子上的汙垢直接撒上小蘇打粉。
2. 以濡濕的牙刷刷洗汙垢。
3. 放置十五分鐘。
4. 將襯衫放入洗衣機，以一般方式清洗後晾乾。

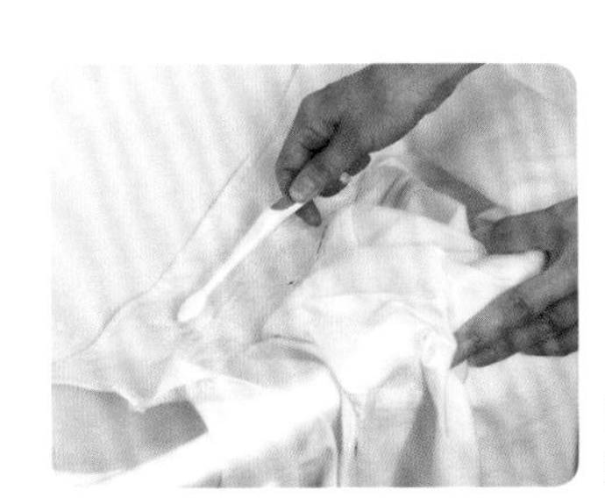
可以小蘇打粉刷洗清除頑強的汙垢。

## 襪子

就算只是待在室內，穿了一整天的襪子其實還是會因為汗水而變得骯髒。外出時穿著的襪子想當然一定更髒，只要善用小蘇打粉，頑強的汙垢也能輕鬆去除。

小蘇打粉

水

純鹼水

牙刷

1 洗臉盆內倒入溫水，添加小蘇打粉（一公升的溫水添加兩大匙小蘇打粉），調配為小蘇打粉溶液。

2 襪子浸泡於小蘇打粉溶液，放置約兩小時。

3 如果是頑強的汙垢，使用純鹼溶液代替小蘇打粉溶液，再以手搓洗（請戴橡膠手套）或以濡濕的牙刷刷洗，效果更佳。

4 依照平常的方式洗滌、晾乾。

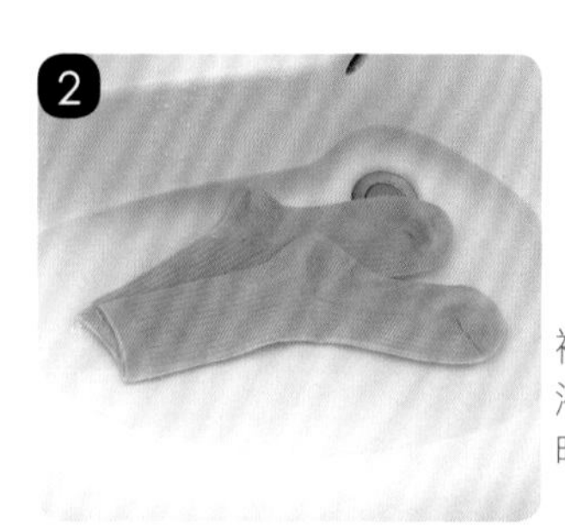
襪子浸泡小蘇打粉溶液一會兒，之後洗滌時汙垢才容易脫落。

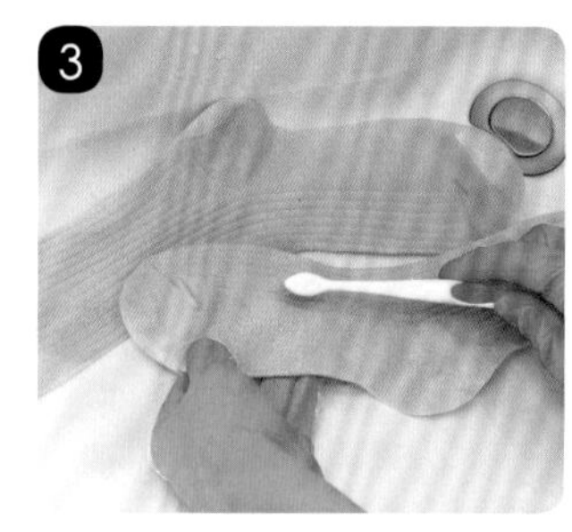
浸泡時以純鹼溶液代替小蘇打粉溶液，洗淨力更強，但不可直接以手碰觸純鹼溶液，一定要戴手套。

## 毛巾

毛巾不易沾染顯眼的汙垢，因此可以小蘇打粉代替洗衣粉清洗。脫水時加入檸檬酸，毛巾就不會變得硬梆梆的了。

小蘇打粉

檸檬酸

1 將毛巾放入洗衣機，加入一杯小蘇打粉之後以平常的方式洗滌。

2 洗滌之後晾乾。

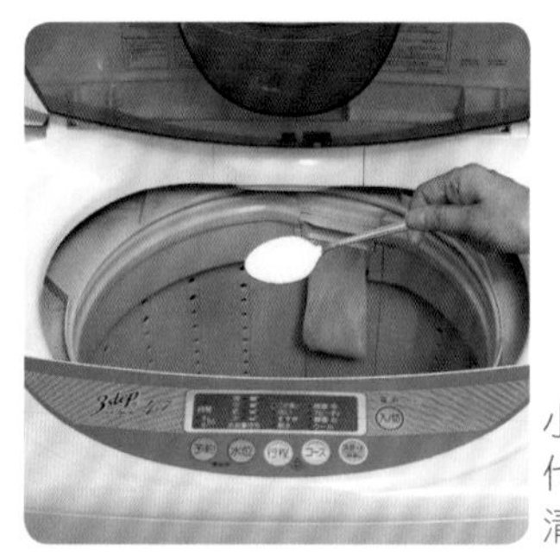
小蘇打粉可以代替洗衣粉，清洗毛巾。

### 如何保持毛巾蓬鬆？

利用小蘇打粉清洗毛巾，脫水時加入檸檬酸就能讓毛巾蓬鬆，酸性的檸檬酸可以中和由於小蘇打粉變成鹼性的毛巾，因此無需使用柔軟劑也能讓毛巾蓬鬆。小蘇打粉對於清除衣物上皮脂汙垢和殘留的洗劑最為有效，所以晾在房間裡也不會產生異味。

# 嬰兒衣物

爸媽都希望自己的心肝寶貝隨時穿著乾淨的衣物，選擇對身體無害的小蘇打粉，清洗嬰兒的衣物最安心！

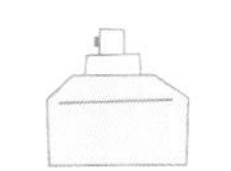

小蘇打粉溶液

小蘇打粉

1 將洗手檯注入小蘇打粉溶液，浸泡嬰兒衣物。

2 衣物髒汙明顯的部分直接撒上小蘇打粉，以手指搓揉之後暫時放置一會兒。

3 依照一般方式洗滌、晾乾。

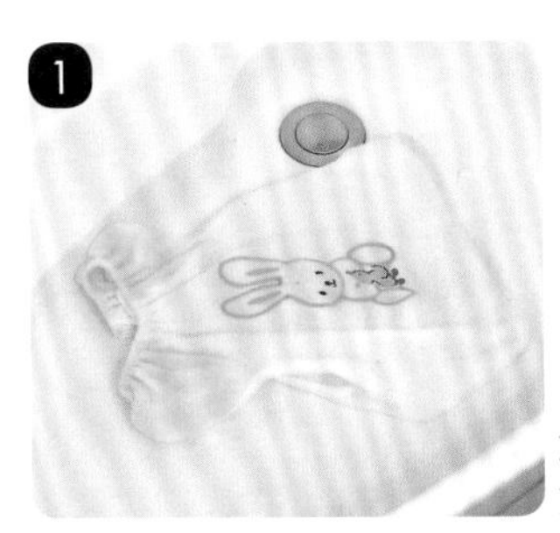

浸泡小蘇打粉溶液，使汙垢剝落。

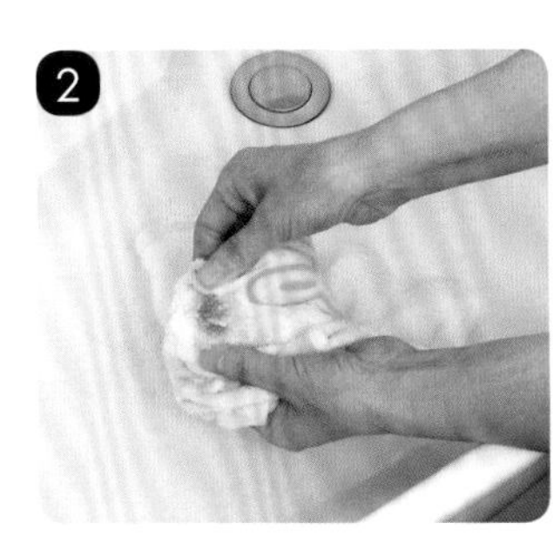

口水的痕跡和食物造成的汙漬直接撒上小蘇打粉，以手指搓洗。

# 尿濕的床墊

床墊容易因為汗水與尿液而發出異味，以天然素材清潔才能保護嬰兒纖細的肌膚。

檸檬酸溶液

1 以檸檬酸溶液噴灑於整片尿濕的床墊處。

2 晾在可以曬得到陽光處，靜待乾燥。

3 平常保養時以洗衣機清洗即可。

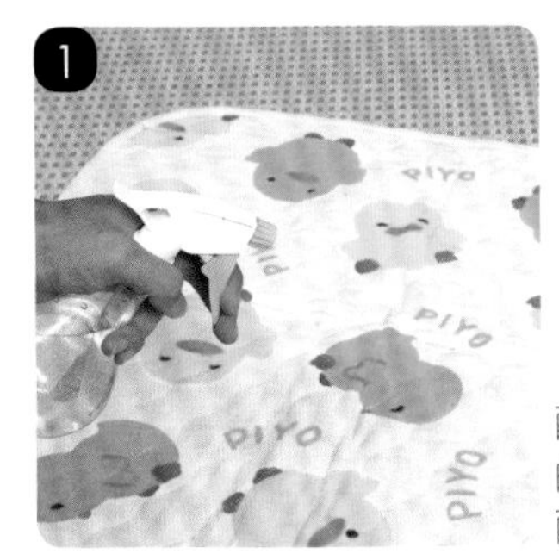


酸性物質可以中和鹼性的阿摩尼亞，因此檸檬酸溶液可以清除尿味。

# 玄關與其他

小蘇打粉具備強力的除臭與殺菌的效果，適合用來清潔容易沾附異味和孳生細菌的玄關與踩腳墊。因為是天然素材，也能用來清潔寵物器具。

## 玄關與其他的汙垢

人來人往的玄關容易堆積來自外面的灰塵與鞋子帶進來的垃圾，需要頻繁地掃除。此外，可以利用空瓶內放置自製的除臭劑來消除鞋櫃中產生的異味。

玄關的地板

**泥濘・塵土**

玄關容易堆積鞋底附著的泥土和灰塵，泥濘以小蘇打粉刷洗，塵土則以撒上小蘇打粉後以掃帚清除。

鞋櫃與踩腳墊

**異味**

鞋櫃因為不易通風，難以排除鞋子的異味，利用自製的小蘇打粉除臭劑，就能解決這個問題，可以直接於踩腳墊撒上小蘇打粉清潔。

門把

**手垢**

無論是外側還是內側的門把，都容易沾染手垢，特別是外側的門把還容易堆積灰塵，使用酒精清潔可以同時清除汙垢與殺菌。

皮鞋、球鞋

**除濕**

穿了一整天的鞋子會吸收大量的汗水，回家之後在鞋裡倒入小蘇打粉吸收汗水，第二天早上將小蘇打粉倒在玄關，還能順便清潔地板。

寵物廁所和庭院樹木的根部

**寵物的便溺**

貓狗便溺後的地點，可以藉由噴灑檸檬酸溶液消除惡臭。如果寵物隨地便溺於家中地板，可灑上小蘇打粉就能輕鬆清除。

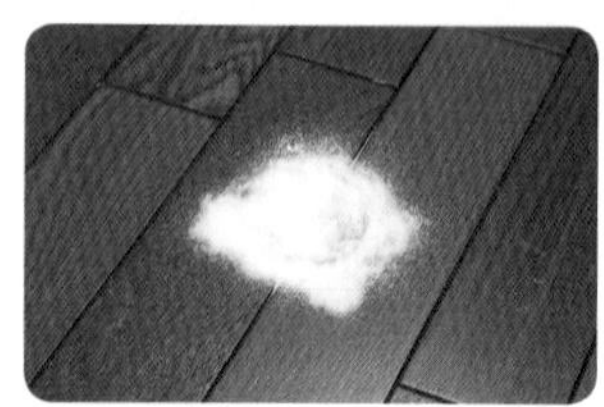

# 玄關

玄關容易堆積來自外面的汙垢，例如：塵土和異味，隨時保持清潔，才能避免散發異味。

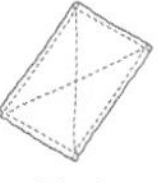
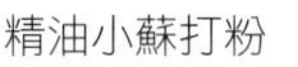

精油小蘇打粉　檸檬酸溶液　刷子　掃把　抹布

【玄關地板】

1 於地板上撒上大量的精油小蘇打粉。

2 以濡濕的刷子刷洗汙垢明顯的部分。

3 以掃帚掃勻小蘇打粉，最後與汙垢一同清掃。

4 沖洗乾淨之後，再以抹布擦拭乾淨。

特別髒汙的部分使用濡濕的刷子刷洗乾淨。

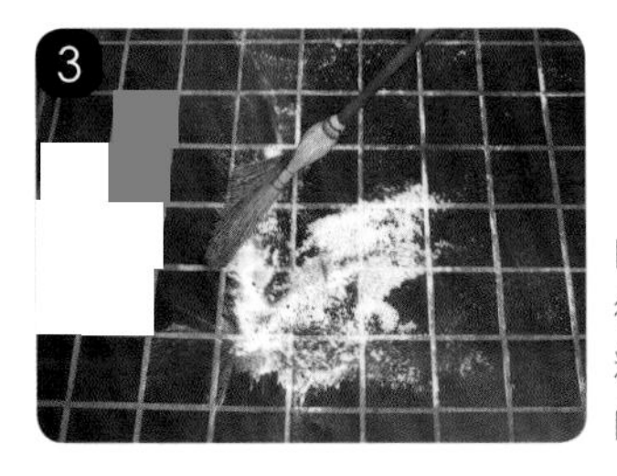


明顯的汙垢刷洗乾淨之後，以掃帚掃勻小蘇打粉，讓小蘇打粉吸取殘餘的汙垢。

## Q 如何清潔不可水洗的玄關？

A 有些公寓禁止水洗玄關，或是地板的材質不適合水洗，建議以小蘇打粉吸附汙垢之後，噴灑檸檬酸溶液再以乾抹布擦拭。古人常將茶葉或是濡濕的報紙撒在玄關後以掃帚清掃，就可以連同灰塵一同清除。趁著天氣晴朗的日子，不妨和小孩一同享受以自然素材打掃的樂趣吧！

# 鞋櫃

鞋櫃容易受到鞋底帶進來的塵土和異味影響，加上濕氣、灰塵和濕度都恰好適合黴菌孳生，為了避免異味汙染鞋櫃，應當勤快地清潔鞋櫃。

工具

精油小蘇打粉

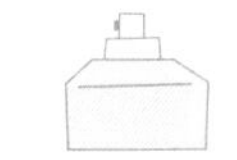
小蘇打粉溶液

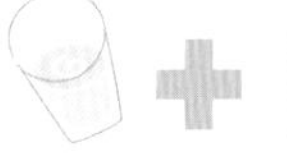
水

精油

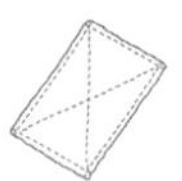
抹布

掃把

刷子

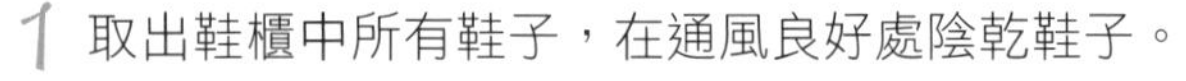

1 取出鞋櫃中所有鞋子，在通風良好處陰乾鞋子。

2 拆下所有分隔板，如果可以水洗，使用精油小蘇打粉和清水刷洗。

3 不能水洗的部分，以噴灑過小蘇打粉溶液的抹布仔細擦拭，清除汙垢。

4 於鞋櫃內撒上大量的精油小蘇打粉，以掃帚或刷子由上而下、由內而外清掃小蘇打粉，連帶掃出汙垢。

5 倒入五公升的水於水桶中，添加五至六滴精油，將抹布浸泡精油水之後擰乾，擦拭鞋櫃整體之後徹底風乾。

6 以刷子刷過拿出來的鞋子，徹底清除鞋底的汙垢之後再放回鞋櫃。

## Q 如何解決打掃後依舊產生的鞋櫃異味？

A 倘若鞋櫃的異味嚴重，可以擺放精油小蘇打粉製成的除臭劑，一杯小蘇打粉搭配十滴精油，裝入網眼小的布袋或可愛的兒童襪中，就可作為鞋用的除臭劑。除臭劑的分量依照鞋子的大小調整。除臭劑的壽命需視環境而定，一般多為二至三個月，使用過後的小蘇打粉可以直接用來打掃鞋櫃或玄關。

穿了一天的鞋子飽含濕氣，穿過之後，務必要讓鞋子恢復乾燥再收納；鞋櫃中塞太多鞋子也會影響通風，容易發出異味。

# 門扉

門扉的汙垢容易忽略，但是大門是一家的門面，應當利用小蘇打粉溶液時常打掃，以維護整潔。

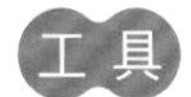

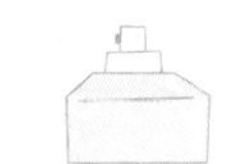
小蘇打粉溶液

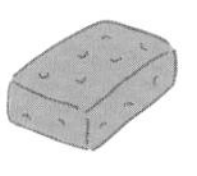
海綿

刷子

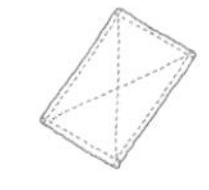
抹布

1. 水桶內裝入小蘇打粉溶液，以海綿或刷子刷洗門扉上方的汙垢。
2. 無法水洗的部分，以浸泡過小蘇打粉溶液的抹布擦拭汙垢。
3. 以乾抹布擦拭。

無法水洗的部分，以浸泡過小蘇打粉溶液的抹布擦拭汙垢；或局部噴灑小蘇打粉溶液之後，再以抹布擦拭。

濕漉漉的門扉容易沾染灰塵，最後務必使用乾抹布擦拭。

# 對講機

對講機容易因為長期風吹雨打而堆積汙垢，常保清潔才是正確的待客之道。

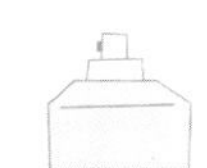
小蘇打粉溶液

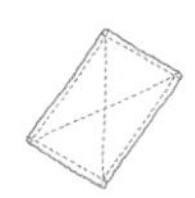
抹布

綿 棒

1. 將抹布噴灑小蘇打粉溶液之後，擦拭對講機的汙垢。
2. 以乾抹布擦拭。

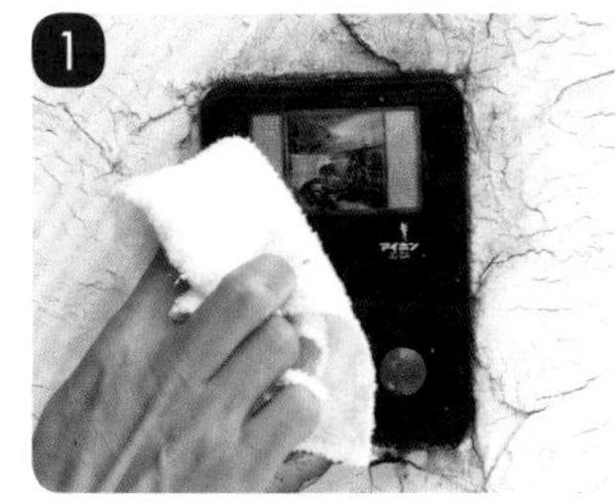
對講機因風吹雨打，比想像中更容易累積汙垢，必須以小蘇打粉溶液擦拭乾淨。

如何清除？

使用抹布擦拭對講機外部之後，再以噴灑過小蘇打粉溶液的棉花棒清除細部的汙垢。

# 冷氣室外機・熱水器

冷氣室外機因為風吹雨打，容易堆積塵土、灰塵，如果放置不管，容易造成故障，為了避免將來因此而故障，請仔細清理。

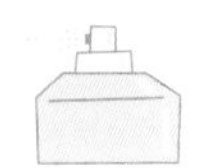

小蘇打粉溶液

小蘇打粉

海綿

1 水桶內裝入小蘇打粉溶液，以海綿沾取溶液刷洗汙垢。

2 以海綿沾取小蘇打粉刷洗頑強的汙垢，最後以水沖洗乾淨和晾乾。

冷氣室外機容易受到雨水和塵土汙染，必須常清理。

### 注意附著於冷氣室外機的青苔與黴菌！

固定冷氣室外機的水泥磚容易孳生青苔與黴菌，一發現就應該馬上使用小蘇打粉刷洗清潔，如果放置不管，就會擴散到冷氣室外機與牆面，所以一發現就必須立即處理。

# 花盆

花盆容易因為塵土與雨水激起的泥濘而髒汙，建議使用小蘇打粉與檸檬酸清除，一有髒汙就馬上清理吧！

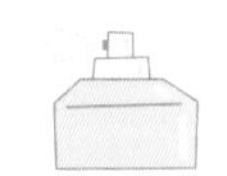

小蘇打粉溶液

檸檬酸

海綿

1 在足以放入花盆的容器中倒入小蘇打粉溶液，浸泡花盆。

2 浸泡半天之後，再以海綿刷洗汙垢。

3 仔細以水沖洗乾淨之後，徹底晾乾。

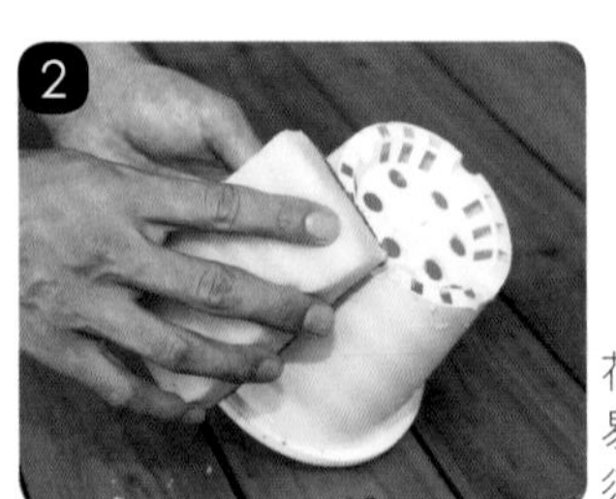

花盆底部特別容易附著汙垢，必須仔細刷洗。

### 如何清除頑強的水垢？

以檸檬酸添加少量水分之後塗抹於水垢上，放置一會之後以海綿或刷子刷洗，最後仔細以水沖洗乾淨。

## 皮鞋

穿過的鞋子飽含濕氣，直接收納會產生異味，因此穿過的鞋子必須好好清潔保養。

工具

精油小蘇打粉

刷子

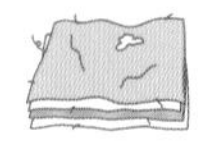

舊布

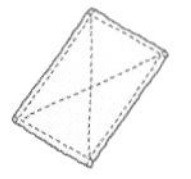

抹布

1 先以刷子輕刷過鞋子，清除縫隙中的塵土。

2 放入二至三大匙的精油小蘇打粉於鞋中後搖勻，放置一天。

3 第二天早上倒出精油小蘇打粉。

4 以舊布沾取少許植物油（例如：太白麻油等無味的植物油），均勻地薄塗一層於整雙鞋子上。

※太白麻油不同於一般的麻油，直接以生芝麻榨取而成，所以沒有一般麻油的香味。

5 以乾抹布擦拭即可。

4 以舊布沾取少許植物油，輕薄地塗抹於鞋面上；沾取太多油類，會使鞋子變得黏膩。

## 球鞋

小蘇打粉和檸檬酸可以同時解決球鞋的兩大問題——汙垢與異味。

工具

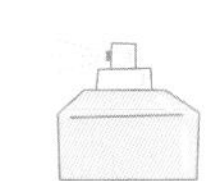

小蘇打粉溶液

小蘇打粉

刷子

檸檬酸溶液

1 於水桶中裝入高濃度的小蘇打粉溶液（小蘇打粉的分量為一般的兩倍），將拆下鞋帶的球鞋和鞋帶一同浸泡。

2 步驟1放置數小時之後，刷洗汙垢。

3 將步驟2沖洗乾淨之後徹底晾乾。

頑強的汙垢處可直接撒上小蘇打粉再刷洗。

### 如何清除泛黃的汙漬？

沖洗乾淨之後噴灑檸檬酸溶液、脫水，最後徹底晾乾。球鞋的鞋墊和鞋帶也必須定期清洗與更換。

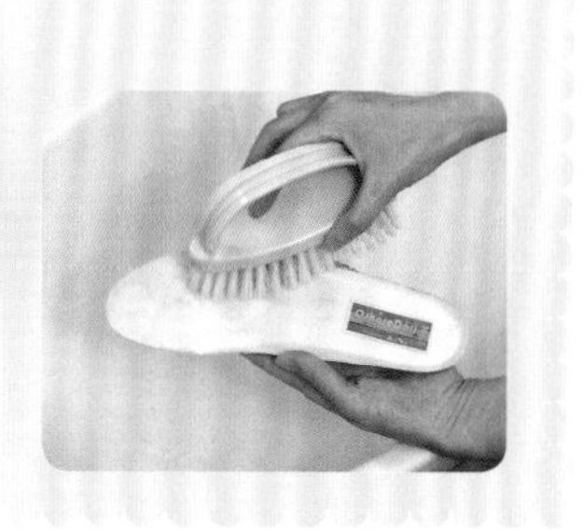

## 野餐墊

野餐墊容易沾染食物殘渣和灰塵，使用之後仔細清理，就能延長使用壽命。

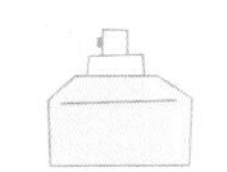
小蘇打粉溶液

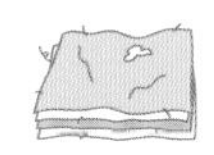
舊布

1 於一公升的水中添加四大匙的小蘇打粉，調配成小蘇打粉溶液，將舊布浸泡小蘇打粉溶液之後擰乾。

2 擦拭髒汙的部分，最後以乾的舊布擦拭。

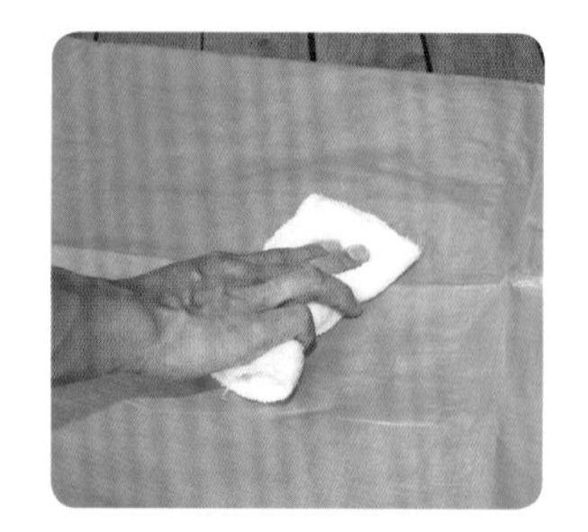
使用完畢之後務必清潔乾淨再收納。

## 保冷箱

好久沒用的保冷箱，打開蓋子就飄來一股刺鼻的異味，只要利用小蘇打粉清理，馬上就能解決。

精油小蘇打粉

海綿

1 以濡濕的海綿沾取精油小蘇打粉，仔細刷洗保冷箱內側。

2 於空瓶或空罐中放入精油小蘇打粉，置於保冷箱一晚。

3 第二天仔細以水沖洗晾乾。

藉由精油小蘇打粉吸附保冷箱的異味。

## 雨傘

雨傘的汙垢容易遭到忽視，不仔細清潔就收起來，外觀和材質都會受損，趁著天氣放晴，以小蘇打粉來清潔雨傘吧！

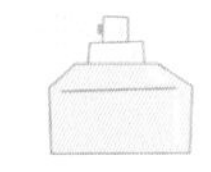
小蘇打粉溶液

小蘇打粉

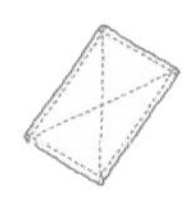
抹布

刷子

海綿

1 打開雨傘，以噴灑過小蘇打粉溶液的抹布擦拭雨傘表面。

2 如果汙漬明顯，可以濡濕的柔軟刷子或海綿沾取小蘇打粉，輕輕刷洗。

3 最後以擰乾的抹布擦拭乾淨即可。

使用之後，以小蘇打粉溶液擦拭水漬汙垢。

# 汽車

相信大家都曾有過打開車門的瞬間，聞到一股噁心異味的經驗，這是因為踩腳墊附著了香菸之類的氣味，最好時常利用小蘇打粉殺菌與除臭。此外，酒精對於擋風玻璃上的明顯汙漬也非常有效喔！

## 踩腳墊

小蘇打粉

刷子

1 於踩腳墊上撒上大量的小蘇打粉，刷開之後放置一晚。

2 第二天以吸塵器吸去小蘇打粉。

## 擋風玻璃

酒精(50%)

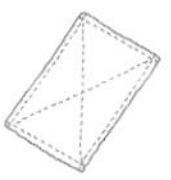

功能型抹布　玻璃刮　抹布

1 於功能型抹布上噴灑酒精。

2 以功能型抹布擦拭玻璃上的汙垢。

3 如果玻璃非常骯髒，沖洗玻璃後以玻璃刮清除水分。
※每刮除一次水分，就必須以抹布擦拭清潔一次玻璃刮上橡膠的部分。

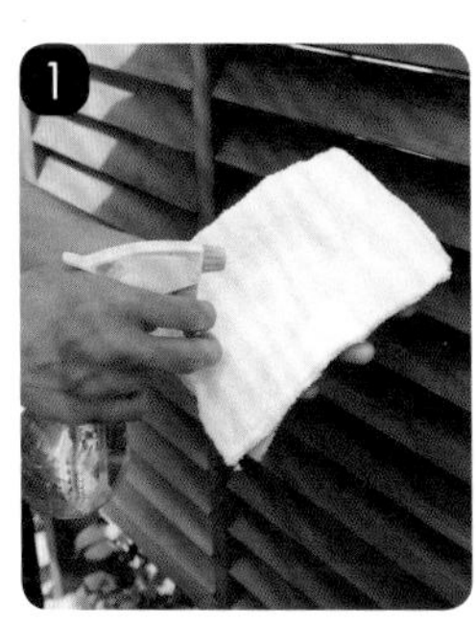
1 於功能型抹布上噴灑酒精。

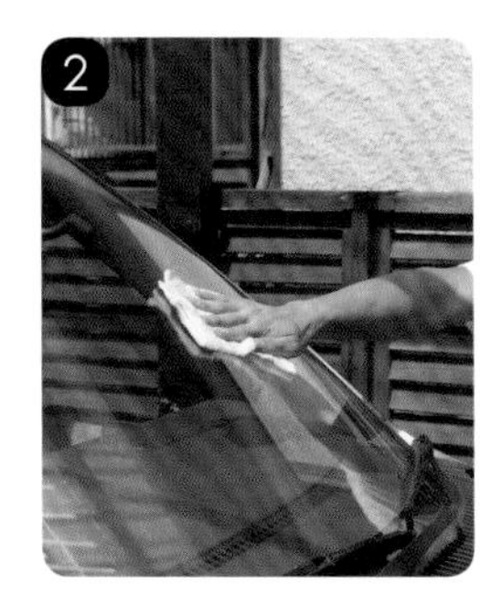
2 以功能型抹布仔細擦拭擋風玻璃。

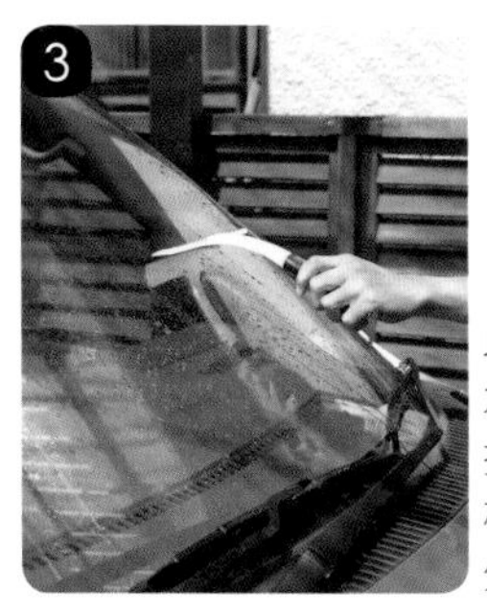
3 以玻璃刮清除水分，不會像抹布一樣留下棉絮，顯得格外乾淨。

# 寵物

心愛的寵物每天在家中使用的餐具和廁所，如果不仔細清潔不僅會成為惡臭的根源，也會影響環境衛生。以小蘇打粉清潔，寵物也能愉快生活喔！

## 廁所

小蘇打粉

1. 於寵物的廁所盒底部撒滿小蘇打粉。
2. 於小蘇打粉上鋪上貓砂，再撒一次小蘇打粉。

每次清理貓砂時，重覆步驟1和2。

## 餐具

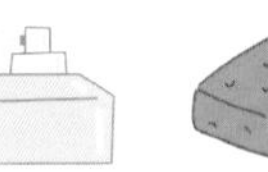

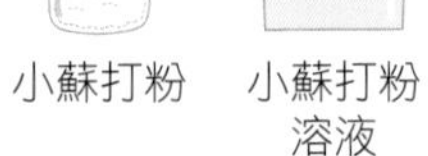

小蘇打粉　小蘇打粉溶液　海綿　功能型抹布

1. 以濡濕的海綿沾取小蘇打粉，刷洗餐具汙垢。
2. 以水沖洗乾淨餐具。
3. 以功能型抹布拭去水分。

難以清除的食物殘渣則以小蘇打粉溶液濡濕之後再刷洗。

## 寵物衣服

小蘇打粉　溫水

1. 於洗臉檯內調配小蘇打粉溶液（一公升的溫水中添加一大匙小蘇打粉，攪拌均勻）。
2. 將寵物衣服浸泡於小蘇打粉溶液兩小時之後，以手搓洗明顯汙垢。
   ※無法水洗的衣服請避開此步驟。
3. 浸泡之後以一般方式清洗晾乾。

浸泡小蘇打粉溶液，可使汙垢容易剝落。

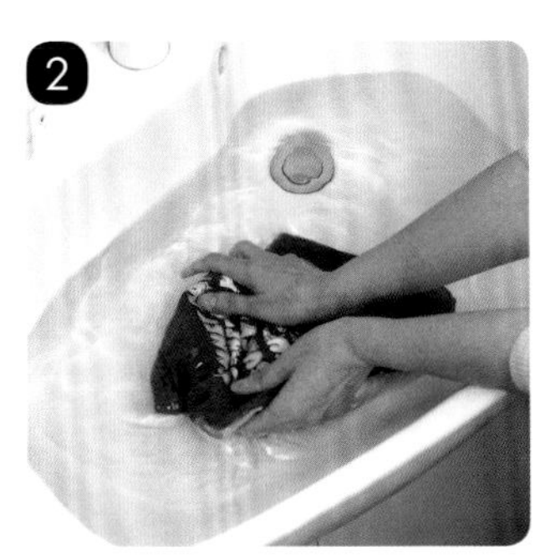

汙漬明顯的部分，可以多加搓洗。

## 項圈

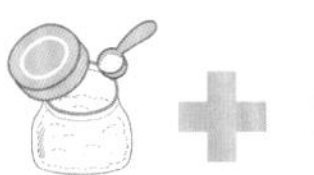

小蘇打粉　溫水　牙刷

1. 於洗臉檯內調配小蘇打粉溶液（一公升的溫水搭配一大匙小蘇打粉，攪拌均勻）。
2. 將項圈浸泡於小蘇打粉溶中。
   ※無法水洗的項圈請避開此步驟。
3. 搓洗清除汙垢，再以牙刷刷洗顯眼的汙漬。
4. 清除汙垢之後晾乾。

容易附著於項圈的汙垢與異味，可浸泡小蘇打粉溶液輕鬆清除。

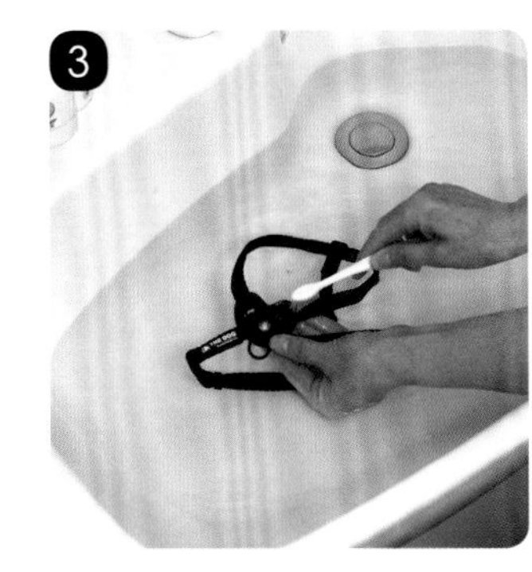

可以牙刷清除顯眼的汙漬，或直接撒上小蘇打粉刷洗。

## 隨地便溺

精油小蘇打粉

1 於尿液上撒上大量的精油小蘇打粉。
※榻榻米不能使用精油小蘇打粉，請改以寵物用的廁所墊或衛生紙吸收尿液。

2 靜待精油小蘇打粉吸收尿液。

3 以吸塵器吸取精油小蘇打粉。

精油小蘇打粉可吸收尿液和異味，但要避免寵物舔食小蘇打粉。

## 毛髮清理

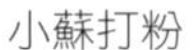

小蘇打粉

梳子（寵物用）

1 於寵物的毛髮上撒上小蘇打粉，以手撥勻分散小蘇打粉。
※小蘇打粉可能不適用於某些犬種，使用前應向獸醫確認。

2 以寵物用梳子刷毛，需注意小蘇打粉是否殘留。

養在室外的寵物容易沾染汙垢，必須時常使用小蘇打粉刷毛清理。

## 電線杆上的屎尿髒汙

檸檬酸溶液

1 寵物便溺之後，噴灑檸檬酸溶液。
※出外散步時，應當隨身攜帶清水和檸檬酸溶液，寵物便溺之後噴灑檸檬酸溶液，就不會殘留異味。

散步時攜帶可攜式噴霧罐，就能輕鬆噴灑檸檬酸溶液。

# 小蘇打粉の特殊用法

小蘇打粉不僅能用來打掃，還能活用於許多方面。例如：洗衣時可以代替洗衣粉，或代替乾燥花作為室內芳香劑；將小蘇打粉放入衣櫃，能代替除蟲劑……

## 代替洗衣粉

相信大家都曾有過心愛的白襯衫居然泛黃或牛仔褲褪色的經驗，只要利用檸檬酸和鹽，就能避免上述狀況的發生。檸檬酸和鹽兩項用品除了經常使用於清潔廚房之外，還具備洗衣的功能。

### 防止衣物泛黃

材料

- 小蘇打粉…1杯
- 檸檬酸…1小匙

1. 加入小蘇打粉後，依照一般方式以洗衣機清洗衣物。
2. 最後沖洗的時候，加入檸檬酸沖洗和脫水。
3. 洗好之後曬乾。
   ※衣物泛黃是因為難以清除的皮脂、汗垢和皂垢等鹼性所造成的，可以酸性的檸檬酸中和清除。

### 防止牛仔褲褪色

材料

- 鹽…2大匙
- 大型鍋子
  （可以容納衣物的大小）

1. 鍋裝滿水之後，撒鹽。
2. 加熱至沸騰之後，放入衣物（牛仔褲等）持續加熱五分鐘。
3. 關火之後，靜置待水涼。
4. 水涼之後取出衣物（牛仔褲等），以洗衣機進行沖洗和脫水。
5. 曬乾衣物。

※上述方式僅適用於棉類，不得使用於絲質等纖細的材質。

# 代替芳香劑

小蘇打粉因為具備除臭效果，可以搭配精油自製室內芳香劑，偶爾嘗試搭配香料和香草也是不錯的選擇。小蘇打粉芳香劑可以依照個人喜好搭配，也能為室內布置增添情趣。

## 香料芳香劑

材料

- 小蘇打粉
- 柑橘類果皮
（橘子、檸檬、葡萄柚）
- 荳蔻
- 多香果
- 芫荽
- 肉桂棒（裝飾用）
- 食物調理機
- 密閉容器
- 烤箱
- 芳香劑的容器（依個人喜好）

1 將荳蔻、多香果和芫荽以食物調理機研磨至粉末狀，裝入密閉容器中。

2 柑橘類的果皮以刨刀刨細，依照個人喜好隨意切片。

3 於預熱好的烤箱放入柑橘類的果皮，利用餘溫烘乾果皮，請注意溫度以免烤焦。

4 將乾燥後的果皮放入步驟1的密閉容器後，放置兩至三天。

5 準備芳香劑用的容器，放入小蘇打粉至三分滿。

6 步驟4密閉容器內的材料全放入步驟5中，再擺上裝飾用的肉桂棒。

混合步驟1的香料與步驟3的柑橘類果皮。

步驟4的香料先與小蘇打粉混合之後，再擺上柑橘類的果皮。

## 花草茶芳香劑

材料

- 小蘇打粉
- 花草茶的茶葉
- 喜歡的容器
（例如：小型玻璃盤）

1 小蘇打粉與花草茶的茶葉以二比一的比例混合，裝入喜歡的容器中即完成，每個月定期輕輕攪拌一次。

依照個人喜好，添加花草茶或香味茶的茶葉。

# 代替除蟲劑

收藏在衣櫃裡的寶貝衣物，任誰都不希望遭到蟲蛀或沾染異味。挑選市面上販售的除蟲劑之前，不妨先自己動手作作看，只要有小蘇打粉和精油，就能輕鬆製造對人體和衣物都無害的除蟲劑。

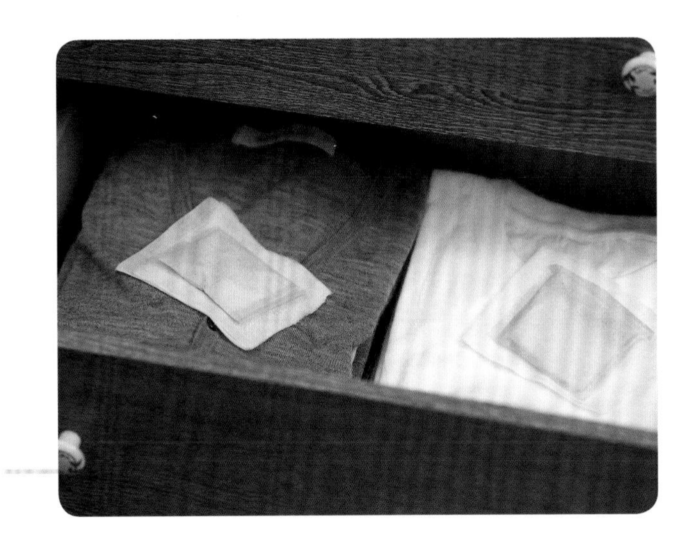

## 除蟲劑作法（200公克）

**材料**

- 小蘇打粉⋯ 200公克
- 茶包袋⋯10至20個
- 精油⋯20至30滴
  （香柏、左手香或薰衣草⋯⋯）

1. 將小蘇打粉倒入容器，添加喜歡的精油後攪拌均勻。
   ※利用玻璃棒或免洗筷可以攪拌得更均勻。
2. 將步驟1材料適量放入茶包袋。
   ※如果預計放於壁櫥深處，可以裝在沒有蓋子的空瓶中。
3. 將步驟2的茶包袋再套上另一層茶包袋，避免小蘇打粉溢出。
   ※注意不得讓小蘇打粉沾染衣物。

## 吊掛式除蟲劑

1. 於抽繩袋內放入兩個茶包除蟲劑。
2. 綁緊開口的抽繩，將除蟲劑和衣物一起掛於衣架上。

將換季衣物和小蘇打粉除蟲劑一同吊掛於衣櫥中。

## 抽屜用除蟲劑

1. 準備一條長16公分、寬8公分的布，對摺後縫合左右兩邊。
2. 將一個茶包除蟲劑放入步驟1中，縫合布片。
3. 將步驟2的完成品放入抽屜。
   ※小蘇打粉和精油有時會滲出茶包，請勿直接放於衣物上。

# 關於小蘇打粉和其他素材組合之Q&A

小蘇打粉＋天然素材能讓打掃更加輕鬆，並在此單元將介紹更多關於打掃的訣竅和重點，提升打掃的效率。雖然天然素材不會對人體與環境造成危害，仍有些事項必須注意喔！

## Q 如何提升打掃效率？

### A 依照由上而下，由高向低的順序打掃。

打掃的基本方式是由上而下。以房間為例，由天花板開始，其次是牆面和地板。冰箱和抽屜由上層部分開始；水槽也應該由水龍頭和周圍零件開始，最後才是水槽。

只要遵守這個原則，打掃上方時掉落的灰塵、垃圾和汙垢，就能藉由打掃下方時清除。如果由下而上清掃，灰塵和垃圾又會掉在好不容易打掃乾淨的下方，白費打掃下方時的一番心血。

此外，打掃水槽或浴室時，只要水龍頭看起來乾乾淨淨，就算附近些許髒污也會顯得乾淨喔！

## Q 可以利用調味醋或檸檬汁代替掃除用的檸檬酸嗎？

### A 可以。

調味醋和檸檬汁具備與檸檬酸相同的效果，手邊沒有檸檬酸的時候可它們代替。

如果以檸檬取代，可以榨成果汁或直接以果肉摩擦汙垢；如果以食用醋代替，在意氣味的人可以加水稀釋再使用。

但是檸檬汁和調味醋因為內含糖分之類的添加物，使用完畢之後不加以處理會造成生鏽。

因此使用完畢之後，請務必沖洗乾淨或徹底擦拭。

## Q 如何清潔衣櫃等昂貴的家具？

### A 乾擦即可。

家具原本就不便宜，又以沙發和衣櫃格外昂貴，雖然本書也有介紹木桌和皮鞋的清潔方法，但是有時會因為木材與皮革的特性與加工方式而無法使用。

尤其是一些纖細的材質，反而會因為小蘇打粉和酒精等天然素材而變色或褪色，如果擔心發生這類問題，打掃之前可先向專家和店家確認，或只以乾擦方式清潔即可。

## Q 電視機的遙控器和電腦的鍵盤等精密的儀器也能使用天然素材清潔嗎？

**A** 可以利用酒精清理。

清理此類精密儀器時，先以除塵棒吸附灰塵，再以功能型抹布沾取酒精（100%）輕輕擦拭；電腦的鍵盤等細部則以棉花棒沾取酒精擦拭。

插頭和開關四周不能碰水的部分，也一樣使用酒精清潔，但是塑膠類製品可能會因為酒精而變質，使用前務必注意。

## Q 直接噴灑酒精後擦拭和噴灑酒精在抹布上後擦拭有何差別？

**A** 依據清潔對象的材質決定使用何種方法。

因為有些材質無法直接使用酒精清潔，單純考量清潔的效果，當然是直接噴灑酒精效果最好，所以不會因酒精而變質的物品，就可以直接噴灑酒精打掃。

材質不明的物品或可能因為酒精而變質的物品，會因為直接噴灑酒精而造成汙漬，建議將酒精噴灑於抹布後使用，可以避免材質因為直接接觸酒精而產生變化。

但是，噴灑於抹布後使用也不見得適用於所有材質，建議使用之前，先於不明顯的地方嘗試比較安全。

## Q 一般販賣酒類的店家所販售的透明蒸餾酒也可以用來打掃嗎？

※日本人有自行釀造梅酒的習慣，因此店家會販賣透明蒸餾酒以供釀造梅酒。

**A** 可以使用。

一般用來釀造水果酒的透明蒸餾酒是無色無味的酒精，濃度多為25%或35%。本書介紹的方法是以蒸餾水稀釋無水酒精調配置所需的濃度，但是透明蒸餾酒無須稀釋即可代替35%的酒精使用。

35%的酒精就足以應付清潔一般家電用品，所以可以盡情的使用。

## Q 保存打掃使用的天然素材有哪些注意要點？

## A 避免高溫潮濕的環境，存放於密閉容器。

小蘇打粉、檸檬酸和純鹼容易吸收濕氣，所以必須存放於可以牢牢蓋緊的密閉容器中，並且避開高溫潮濕的環境，以免變質。

酒精也需避開直射日光與高溫，放置於原本的容器中並蓋緊蓋子存放。

此外，高濃度的酒精可能會腐蝕一般市面上販售的噴霧器，所以購買時必須注意説明是否標示可以使用酒精。

除了一般的噴霧器之外，大賣場或園藝行都有販賣可以倒著使用的噴霧器，建議考量用途再購買，使用起來才方便。

## Q pH是什麼意思？

## A 表示酸鹼值的單位。

pH是指溶液成鹼性或酸性，數值由0至14，7表示中性，數值越接近0表示酸性越強，越接近14表示鹼性越強。

書中提到的小蘇打粉，其pH為8至9，由於是鹼性，因此接觸皮膚時會黏黏滑滑的；另一方面，檸檬酸是酸性物質（pH值依各家商品而有所不同）。黏黏滑滑的肌膚接觸檸檬酸溶液，就會因為中和作用而恢復原本的模樣。

只要利用兩者的特性，就可以輕鬆簡單地打掃家中環境。

## Q 小蘇打粉溶液以一般方式排放也真的不會汙染環境嗎？

## A 小蘇打粉溶液可以依照一般方式排放。

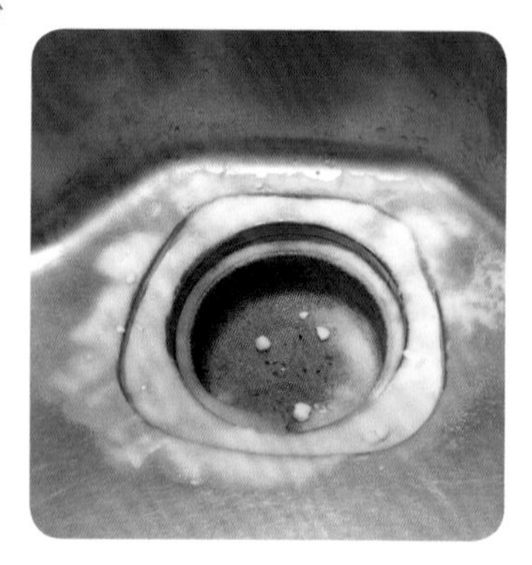

鹼性的小蘇打粉就算流入海洋，也能中和因為添加物、鉛和毒素而酸化的海洋。

酸性的海洋蒸發之後會形成酸雨，但是小蘇打粉的中和效果可以減少雨中的酸性，讓土壤形成堆肥，比起化學合成的清潔劑，更能減少環境的負擔。

## Q 利用小蘇打粉幫寵物清潔毛髮後，寵物會舔自己的身體，因此使用「工業用」的小蘇打粉也沒問題嗎？

## A 為寵物清潔身體時，請改用「藥用」或「食用」小蘇打粉。

如同P.9中介紹，小蘇打粉依照純度和品質分為三個等級，打掃時使用純度低的工業用小蘇打粉即可，但是絕不能誤食。

清潔寵物時必須使用較為安全的「藥用」或「食用」小蘇打粉，但是寵物會舔食小蘇打粉可能會造成不適，所以使用之前應當洽詢獸醫，並且最好避免讓寵物舔食小蘇打粉。因容易取得和用途廣泛，本書推薦使用「食用」小蘇打粉。

## Q 小蘇打粉的包裝經常可見「內蒙小蘇打粉」的標示，請問是什麼意思？

**A** 表示這是來自內蒙天然鹼礦區的天然小蘇打粉。

內蒙的錫林郭勒草原上有天然鹼的礦區，能開採天然的小蘇打粉，其特徵是顆粒細緻、純度高且易溶於水。

由於可以食用，是受到認可的安全食品添加物，不僅可以用來打掃，也能用來烹飪和保養身體。

## Q 如何判斷酸性汙垢和鹼性汙垢？

**A** 依據目前使用的清潔劑判斷。

基本上廁所和浴室的污垢多半是鹼性，其他部分以酸性的油類污垢居多，但有時還是會無法分辨污垢的種類。

這種時候就可以利用清潔劑來分類，酸性的汙垢是利用鹼性的清潔劑，鹼性的汙垢是利用酸性的清潔劑清除。所以成分表上標明「鹼性液體」的就是鹼性清潔劑，也就是可以利用小蘇打粉清除其對應的汙垢；標明「酸性液體」的就是酸性清潔劑，可以利用檸檬酸清除其對應的汙垢。

## Q 取代除臭劑使用過的小蘇打粉還可以用來打掃嗎？

**A** 可以。

小蘇打粉的除臭效果大約是兩個月，除臭之後直接丟掉太浪費，可以用來打掃，雖然去污的效率會比全新的小蘇打粉慢一些，但效果差異不大。

## Q 小蘇打粉直接接觸肌膚也不會導致肌膚粗糙嗎？

**A** 基本上不會，但是依個人膚質因此不盡相同。

相較於一般的化學合成清潔劑，小蘇打粉因為性質溫和而不易導致肌膚粗糙。

但是小蘇打粉畢竟是酸鹼值8至9的弱鹼性物質，長時間接觸還是可能會刺激肌膚中的蛋白質成分（例如：手變得黏滑），有些人則是因為體質而無法直接接觸小蘇打粉。

所以建議大量使用小蘇打粉時，異位性皮膚炎患者或是擔心肌膚粗糙者，最好戴上橡膠手套後再接觸。

自然樂活 02

# 天然無毒又省錢！小蘇打的100個使用妙招（經典版）

監　　修／古後匡子
譯　　者／陳令嫻
發 行 人／詹慶和
選 書 人／Eliza Elegant Zeal
執行編輯／詹凱雲・蔡毓玲・陳姿伶
編　　輯／劉蕙寧・黃璟安
封面設計／周盈汝・陳麗娜
美術編輯／韓欣恬
內頁排版／造　極
出 版 者／雅書堂文化事業有限公司
發 行 者／雅書堂文化事業有限公司
郵政劃撥帳號／18225950
戶名／雅書堂文化事業有限公司
地址／220新北市板橋區板新路206號3樓
網址／www.elegantbooks.com.tw
電子信箱／elegant.books@msa.hinet.net
電話／(02)8952-4078
傳真／(02)8952-4084

2012年12月初版一刷　2017年12月二版一刷
2021年11月三版一刷　定價 280 元



經銷／易可數位行銷股份有限公司
地址／新北市新店區寶橋路235巷6弄3號5樓
電話／(02)8911-0825
傳真／(02)8911-0801



about
## 作者簡介

### 古後匡子 ◎監修

日本芳療環境協會（社團法人）認定芳療講師、芳療師和Douche Vie的經營者。除了提倡對人類與環境無害的芳香生活之外，也從事教育芳療師的工作、擔任天然素材化妝品的講師與教導如何利用天然素材打掃居家環境，同時著作不輟，已出版«天然素材維護家庭環境»、«自製化妝品與泡澡劑»（主婦之友社）、«享受泡澡時間的香草與芳療手冊»（東京堂出版）等書……

STAFF
編輯／（株）ナヴィ　インターナショナル
木村俊亮・遠藤理沙・菊池友彥
設計／羽田眞由美（ナヴィインターナショナル）
攝影／盛岡啓人
插畫／とぐちえいこ

國家圖書館出版品預行編目資料

天然無毒又省錢!：小蘇打的100個使用妙招/古後匡子監修；陳令嫻譯. -- 三版. -- 新北市：雅書堂文化事業有限公司, 2021.11
面；　公分. -- (自然樂活；2)
ISBN 978-986-302-607-5(平裝)

1.家政 2.手冊

420.26　　110017837